"十四五"时期国家重点出版物出版专项规划项目

先进制造理论研究与工程技术系列

能量传递型超宽带近红外石榴石发光材料

杨 扬 贺 帅 管 倩 著

U0222721

哈尔滨工业大学出版社
HARBIN INSTITUTE OF TECHNOLOGY PRESS

内 容 简 介

近红外光谱检测技术由于其快速、无损、环保等特点,广泛应用于农业、食品、医疗等领域。目前,将 NIR pc-LED 作为近红外光谱检测技术的替代光源的研究成为该领域的研究热点。本书总结当前 NIR pc-LED 的关键材料(近红外发光材料)及其应用的研究,并以作者近年来的研究成果为主线,详细介绍通过构建能量传递的方式实现超宽带近红外发光材料的研究情况。

本书涉及近红外发光材料方向所使用的基本知识,也总结概括了近红外发光材料中能量传递的研究方法,可以为国内外同行提供参考,也可以作为本专业学生的参考书。

图书在版编目(CIP)数据

能量传递型超宽带近红外石榴石发光材料/杨扬, 贺帅,管倩著.—哈尔滨:哈尔滨工业大学出版社, 2024.4

(先进制造理论研究与工程技术系列)
ISBN 978-7-5767-1350-3

Ⅰ.①能… Ⅱ.①杨… ②贺… ③管… Ⅲ.①石榴石 -红外材料-发光材料-研究 Ⅳ.①TN213

中国国家版本馆 CIP 数据核字(2024)第 078201 号

策划编辑 王桂芝
责任编辑 李青晏
出版发行 哈尔滨工业大学出版社
社　　址 哈尔滨市南岗区复华四道街 10 号　邮编 150006
传　　真 0451-86414749
网　　址 http://hitpress.hit.edu.cn
印　　刷 辽宁新华印务有限公司
开　　本 787 mm×1 092 mm　1/16　印张 8.5　字数 153 千字
版　　次 2024 年 4 月第 1 版　2024 年 4 月第 1 次印刷
书　　号 ISBN 978-7-5767-1350-3
定　　价 68.00 元

前　　言

近红外光谱检测技术由于其快速、无损、环保等特点,广泛应用于农业、食品、医疗等领域。其工作原理如下:使用宽带近红外光照射食品,食品中含有的物质会吸收特定光波段,引起散射光谱的变化,进而根据散射光谱形状和强度的改变计算特定物质的种类和含量。传统的近红外光源如钨卤灯和白炽灯泡等,虽然都可以发出连续的近红外光,但短寿命、高能耗、产热大以及体积大等一系列缺点,限制了其在便携式或微型光谱仪上的应用。2016 年,欧司朗公司发布了首个基于近红外荧光粉转换型发光二极管(NIR pc-LED)的近红外光源,并展示了其在便携式检测应用方面的前景。此后,将 NIR pc-LED 作为近红外光谱检测技术的替代光源的研究成为该领域的研究热点。NIR pc-LED 光源由此进入高爆发发展的时代,积极开发更高效、谱带更宽的近红外荧光粉,不仅可以展宽 NIR pc-LED 的光谱范围,而且可以极大地促进近红外光谱检测技术在短波近红外波段的应用。

目前,近红外发光材料的发光中心基本是以 Cr^{3+} 为主,而这些材料仍然面临的问题在于 Cr^{3+} 的发光效率较低、近红外光谱部分不够宽。开发更加宽的高效近红外发光材料,是很多公司和科研人员投入精力探索和研究的课题。本书总结当前近红外发光材料及其应用的研究,并以作者近年来的研究成果为主线,详细介绍通过构建能量传递的方式实现超宽带近红外发光材料的研究情况。本书涉及近红外发光材料方向所使用的基本知识,也总结概括了近红外发光材料中能量传递的研究方法,可以为国内外同行提供参考,也可以作为本专业学生的参考书。

因作者水平及能力有限,书中难免有不足之处,殷切希望读者批评指正。

作　者
2024 年 1 月

目　　录

第1章　近红外发光材料概述

1.1　LED 光源

照明技术作为人类在日常生活中必不可少的一部分,在人类的发展史中提供了大量的帮助,从而占据了举足轻重的地位。大约在 60 万年前,人类发现了火,并且学会利用火来照明。至此,人类开始学会了驱逐黑暗,凭借着这个最初的人工光源使得人类在接下来的优胜劣汰中胜出并延续至今。大约在 5 万年前,人类才学会了钻木取火,由此进入了人造光源的历程。与此同时得益于人造光源的发展,人类的发展进程开始加速。两万年前,人类发现了动物的油脂(鸟类、鱼类等)也可以当作燃料来使用,于是发明出了动植物油灯。以此为基础在公元前 3000 年人类发明了蜡烛,这就使得人类的活动得到了进一步的扩展,并且一直到 17 世纪蜡烛都是人类的主要光源之一。此后,人们发现地底下涌出来的天然气(瓦斯)也可以燃烧,由此煤气灯便出现了并且在之后的两百年占据了照明光源的主导地位。煤气灯虽然亮度高,但是安全性较低,因此一直被当作路灯使用。可以看到以上的光源都属于燃烧光源,而进入 18 世纪以后,由于电力的开发,人造光源进入了电光源时代。

白炽灯、荧光灯、高压钠灯是电光源发展历程中的重要标志性光源。1808 年,英国的汉弗莱·戴维爵士使用两根碳棒放电制作出了碳弧灯,得到了人类史上的第一盏电灯。随后 1879 年,人们熟知的发明家托马斯·爱迪生发明了碳丝的白炽灯。与碳弧灯一样,由于碳丝会随着时间的增加被不断地烧毁,因此灯的寿命有限。但是爱迪生发明的白炽灯更具有实用价值,因此被当作人类由火光源照明进入电光源照明时代的标志。同时白炽灯也被称为第一代光源,1907 年使用钨丝作为白炽体后,白炽灯得到了进一步的发展并一直延续至今。1912 年,I.朗缪尔(美国)等人通过一系列研究,制作了充气白炽灯,这一研究在提高白炽灯发光效率的同时还延长了其使用寿命,推动了白炽灯的发展和应用。1938 年,荧光灯作为电光源技术的一大突破率先在美国及欧洲诞生,研究发现,荧光灯的发光效率和寿命都远远高于之前的白炽灯。因此,荧光灯也被誉为第二代光源。第三代光源以高强度气体放电灯中的高压钠灯为代表,其功率密度大、光通量高,适合于大空间照明,与荧光灯的应用范围可以互补。为了使电光源在工农业、交通运输业、国防及科学研究等领域发挥其作用,科研工作者们一直在为其节能化、小型化和电子化而努力。

20世纪五六十年代,科研人员开始探究元素 Ge 和 Si 以及一些 Ⅲ ~ Ⅴ 半导体(例如 InGaP、GaAlAs)的电致发光特性。理查德·海因斯和威廉·肖克利证明了电子和空穴在 p-n 结合处的重新组合产生了光发射。后来,人们研究开发了各种类型的半导体,最终在 1962 年由 Nick Holonyak 发明了第一种红光半导体。受 Holonyak 工作的启发,George Craford 在 1971 年和 1972 年报道了橙色、黄色和绿色的 GaAsP 发光二极管(LED)。此时的二极管光效很低,而且只能发出红、黄、蓝、绿、紫光等单色光,不能发出白光。直到 1993 年中村修二等发明实用化蓝光 LED,此后,白光 LED 作为第四代光源开始登上历史舞台。时至今日,白光 LED 由于其高效节能、寿命长等特点成为目前的主要发展光源,并且被用于取代传统光源白炽灯和荧光灯。尤其是在近几年,LED 的进步促使照明行业转变为一个快速增长的行业。目前,固态照明技术在室内外照明、汽车照明、医疗救护、生活用品等领域得到了广泛应用。美国能源部最近的一份报告指出,相比于 2020 年 LED 技术在照明行业的能源消耗减少 15% 来说,到 2030 年将会使得在照明行业的能源消耗减少 40%,也就是说仅仅在 2030 年一年就可以节省 261 TWh 的电量,价值超过 260 亿美元。并且根据 Strategies Unlimited 咨询公司的数据,在 2012 年全球 LED 灯销量为 4 亿只。而根据麦肯锡公司的数据统计,2016 年全球 LED 照明市场的份额达到 45%,2020 年已经达到近 70%。

高效蓝光发光二极管的发明是今天无所不在的白光 LED 发展的一个里程碑。与传统光源相比,白光 LED 显示出更高的能源效率,更重要的是它可以调整发射特性以更好地适应于不同的应用领域,如医疗救治、建筑照明、舞台照明等。

目前,白光 LED 主要由以下几种方式实现。

(1)将蓝色、绿色和红色三基色的 LED 芯片组合。这种方式的主要问题在于绿光 LED 芯片的量子效率相对较低(在 25% 左右),这就导致相应白光 LED 的发光效率也不高。为了解决绿光 LED 芯片带来的效率低的问题,在商业中通常采用基于下转换发光材料的绿色发光二极管。这种混合发光 LED 的夜光效果明显增强,并且可以达到高显色指数(CRI)值。但是仍然存在一定的问题:首先,由于两种或三种 LED 芯片的光谱随时间漂移和热降解率不同,所制备的白光 LED 的颜色稳定性较差;其次,需要复杂并且昂贵的控制电路分别控制每一个芯片,虽然通过复杂的电路控制有可能实现照明的动态光输出,但制备成本也将进一步增加。因此,这种方式不是目前实现白光 LED 的主要方式。

(2) 在紫外芯片上涂敷三基色荧光粉是实现白光 LED 的另一种方式。该方式有效地避免了大量的电路控制,只需通过调配不同比例的三基色荧光粉就可以获得不同的白光。这种白光 LED 的实现方式可以有效地增加紫外光,可以在可见光范围内接近太阳光光谱。但是,目前该方式的最大问题在于紫外芯片的效率较低,极大地限制了其进一步的应用。

(3) 第三种更为有效并且简单的方式,就是使用一个单一的蓝光 InGaN 芯片并且涂敷上一个或多个具有不同可见光发射的发光材料。该方式在 1996 年由 Nichia,采用 Ce^{3+} 掺杂的 $Y_{3-x}Gd_xAl_{5-y}Ga_yO_{12}:Ce(YAG:Ce)$ 石榴石荧光粉材料与蓝光芯片结合的方式实现了白光,这种方式使得白光 LED 首次实现了商业化。但是,使用单一荧光粉通常将限制光源的性能,其色温(CCT) 只能在冷白色和日光范围内变化(CCT = 4 000 ~ 8 000 K),并且红光区域的光谱功率低导致较低的显色指数(CRI < 80)。虽然这种方式还有许多不足,但是由于这种方式实现的白光 LED 转换效率高且接近理论最大值,因此到目前为止该方式仍然是商业化实现白光的主要方式。

在对照明光源的开发过程中,人们也注意到近红外(NIR) 区域波段的光对生物组织的穿透能力较强,而且由于能量较低,对生物组织的损伤几乎可以忽略不计。另外,植物生长的不同阶段对于各个波长的光源的需求也有所不同,如叶绿素 a 和 b 主要吸收蓝光,而管理着植物生长周期的花青素主要吸收 700 nm 附近的近红外光。此外,包含近红外光谱部分全光谱 pc - LED 的研究目前正在进行中,有望被应用于食品、内窥镜等检测领域。所以,在愈加关注健康和生物组织探测的今天,近红外光源就成为人们研究的热点。

1.2　近红外 pc - LED 光源

近红外光是一种电磁波,它介于可见光与中红外光之间。根据国际标准分类,近红外光的光谱范围在 780 ~ 3 000 nm 之间,并且根据波长还可以进一步细分为近红外短波(波长范围 780 ~ 1 100 nm) 以及近红外长波(波长范围 1 100 ~ 3 000 nm)。目前来看,近红外光的应用主要还集中在近红外光谱技术的分析检测领域,即利用近红外光在照射检测样品时,光可以被样品中的某种物质反射或吸收的性质,通过反射或透射近红外光谱的变化来确定物质的组成及含量,例如蔬菜、水果的含糖量及人体血液含氧量等。

近红外区域是由天文学家 William Herschel 在 1800 年使用可见光研究温度计温差时发现并命名的,是人们发现最早的非可见光区域。由于物质在该谱区吸收信号弱,且吸收谱带重叠,当时的技术水平有限,所以解析起来相当困难,近红外光谱也因此“沉睡”了一百多年。之后,分析技术不断提升,根据 Norris 等人提出的“物质的含量与其在近红外区内的吸收峰(不同的波长点)呈线性关系”的理论,近红外光谱技术较为广泛地应用在对农副产品的分析中。近红外光谱技术具有方便、快速、无损、廉价等优点,特别是在 700 ~ 1 100 nm 的光谱区域,因为它可以被廉价的硅探测器覆盖,并且在生物组织中具有很强的穿透性,所以引起了人们极大的兴趣。由于在过去很长一段时间,近红外光的应用主要局限于工农业和科研领域的鉴定分析,并没有进入人们的日常生活,所以对近红外光源的开发也十分有限。随着当今健康趋势对光学设备和消费电子产品(智能手机、可穿戴设备等)的需求,即设计紧凑、尺寸便携、可快速分析和日常使用,在生物传感、食品分析、医疗等领域对小型连续宽带发射近红外光源的需求巨大。类似白光 LED 的构成,使用蓝光芯片与近红外荧光粉的组合,是一种十分有效的获得宽带近红外光的途径。传统的近红外光源,即钨卤灯和白炽灯泡,具有足够的宽频带发光,但同时存在使用寿命短、效率低和散热差等问题。具有连续光发射特性的超连续激光具有良好的光谱应用前景,但其昂贵的成本和高功耗阻碍了其实际应用。此外,它们都不适合紧凑的包装和灵活的设计。

近红外 pc - LED 光源制造遵循白光 LED 光源的一般原则,也就是使用蓝光 LED 芯片激发近红外荧光粉从而获得近红外光谱。近红外 pc - LED 光源由于相比传统的近红外光源具有结构紧凑(体积小)、寿命长、电能低消耗低、制造成本低、光谱高稳定,并自定义可调宽带光谱分布等显著的优点,在小型化近红外检测设备的应用中具有显著的优势。因此,NIR pc - LED 的商业应用成为近年来的热点。作为一个跨国照明行业,欧司朗在 2016 年 11 月的新闻发布会上宣布其成功开发了世界上第一个红外宽带发射装置(SFH4735)。该装置为可用于光谱分析应用的宽带近红外 LED,由蓝光芯片结合近红外荧光粉制备而成,其近红外光谱覆盖 650 ~ 1 050 nm 的范围。另一个照明行业的跨国公司飞利浦,也参与开发类似的集成的光谱仪 InSPECT2020 项目,使用 NIR pc - LED 用于实时的生物组织表征的传感技术,该项目有望用于更加便捷的肿瘤筛查工作。截至目前,除了照明行业的公司,各国的科研机构也在积极开发 NIR pc - LED 及其荧光粉材料,近红外光源的研究已经进入高爆发时代。

自 2008 年起,日本的 S. Fuchi 课题组首次报道了稀土元素 Nd^{3+}、Yb^{3+} 掺杂的近红外玻璃及其封装的 pc - LED,实现了最高 1 mW@815 mA 输出的近红外 pc - LED,能够应用于农药残留的近红外光谱检测,检测的浓度极限达到 0.01×10^{-6} mg/L。但是由于该荧光粉利用三价稀土离子 f - f 的窄带禁戒跃迁吸收激发光,所以量子效率低。直到 2018 年 3 月,作者博士期间所在课题组报道了 Cr^{3+} 掺杂的 $Ca_2LuZr_2Al_3O_{12}$ 宽带近红外发射材料,其内量子效率(IQE)为 69.1%,外量子效率(EQE)达 31.5%,为当时所有报道的宽带近红外发射材料中的最高效率。基于该近红外发射材料,实现了 2.448 mW@20 mA 输出的宽带近红外 pc - LED,光电转换效率为 4.1%,是国际上首个报道的光电转换效率高于钨丝灯(2.9%)的宽带近红外 LED。此后,Cr^{3+} 掺杂的近红外发射材料及其转化的 pc - LED 在 2018 年获得快速发展,例如 Shao 等人报道了 $ScBO_3$:Cr 荧光粉,其发射带中心在 800 nm,并且半高宽(full-width at the half of the maximum,FWHM)为 120 nm。使用 $ScBO_3$:Cr 荧光粉制备的 pc - LED 实现了在 120 mA 的电流的驱动下 26 mW 的近红外光谱功率输出。Liu 等人报道了一种宽带的近红外纳米荧光粉 $ZnGa_2O_4$:Cr,Sn,可以适用于 Mini - LED。最近,Liu 等人又开发了一种 Cr^{3+} 激活的超宽带近红外荧光粉 $La_3Ga_5GeO_{14}$,并且观测到了两个 Cr^{3+} 中心的发光。这两个 Cr^{3+} 中心的发光均为宽带,从而得到了一个 330 nm 的超大半高宽。这个荧光粉用于 pc - LED 封装实现了在 350 mA 的电流驱动下 18.2 mW 的近红外光谱功率输出。Shao 等人也通过混 $YAl_3(BO_3)_4$:Cr,Yb 与 $NaScSi_2O_6$:Cr 两种荧光粉封装了超宽带的 pc - LED,其光谱范围可以覆盖 780 ~ 1 050 nm,在 100 mA 电流驱动下实现了 26 mW 的近红外光谱功率输出。然而,目前宽带近红外发射材料的外量子效率仍然较低,发射谱带也有待进一步展宽。

目前,宽带近红外光谱技术在无损检测等方面有着广泛的应用。将宽带近红外荧光粉与蓝光 LED 芯片相结合制备的 pc - LED,已被证明是一种紧凑、低成本近红外光源。其可以用于制造可穿戴生物传感器等智能设备,利用其可用于测量食品中的水、脂肪、碳水化合物、糖或蛋白质含量。因此,开发高效近红外荧光粉对于近红外 pc - LED 来说具有重要的意义。

1.3　近红外发光材料研究状况

目前的研究表明,稀土元素(Pr^{3+}、Nd^{3+}、Tm^{3+}、Eu^{2+})或过渡金属元素(Cr^{3+}、Ni^{2+}、V^{2+}、Mn^{4+})都可以作为近红外发光材料的发光中心。其中,过渡金属离子 Ni^{2+} 的发光一般大于 1 000 nm,并且发光效率较低。Mn^{4+} 的发光一般只能在较强的晶体场环境中调节,并呈现窄带发射。至于稀土离子,Eu^{2+} 的发射属于 f-d 跃迁,具有较强的吸收能力,但是其主要发射峰位于可见光区域,仅有在少数基质材料中可以实现远红光的发射。三价稀土离子 f-f 跃迁存在宇称禁戒,导致 Yb^{3+}、Er^{3+}、Nd^{3+} 等离子较弱的吸收,一般采用能量传递的形式,选用吸收界面较大的激活剂离子增强吸收。

Cr^{3+} 是目前近红外发光材料中研究最多的发光中心,Cr^{3+} 在晶体中较强的 d-d 跃迁可以产生非常强烈的近红外光致发光,并且可以通过调节晶体场强度调节发光位置,是理想的近红外发光中心。在几十年前,Cr^{3+} 就作为发光材料的发光中心被应用到激光方面的研究中。1960 年,Maiman 研究的 Cr^{3+} 掺杂的 Al_2O_3 激光材料首次诞生于休斯实验室。此后,许多 Cr 离子掺杂的钨酸盐、钼酸盐、石榴石等晶体材料被应用到激光的研究中。与 YAG:Nd 激光晶体材料相比,Cr^{3+} 掺杂的激光晶体材料具有可调节的波长,应用范围更加广阔。近年来 Cr^{3+} 掺杂的材料开始逐渐应用于近红外发光材料,本书将近年来发现的 Cr^{3+} 掺杂的近红外发光材料汇总到附录 1 表 1 中。这些材料都利用 Cr^{3+} 在弱晶体场环境中的宽带发射的性能,获得较好的宽带近红外发光。

虽然,目前近红外发光材料的发光中心基本以 Cr^{3+} 掺杂为主,但是 Cr^{3+} 的发光并不能完全覆盖近红外区域,尤其是超过 900 nm 后的光谱。通过能量传递来展宽近红外光谱是实现宽带近红外发光材料的重要技术手段。为了实现上述宽带近红外发光,常引入 Eu^{2+}、Ce^{3+}、Nd^{3+}、Yb^{3+},以及 Er^{3+} 等离子作为共掺杂发光中心,并通过构建这些离子与 Cr^{3+} 的能量传递来获得光谱展宽。Eu^{2+} 和 Ce^{3+} 的发光通常位于可见光区并与 Cr^{3+} 的激发光谱有交叠,可以形成 Eu^{2+}、Ce^{3+} 向 Cr^{3+} 的能量传递。Nd^{3+}、Yb^{3+},以及 Er^{3+} 等离子的发光位于 1 000 nm 以后,并且其吸收可以与 Cr^{3+} 的发射光谱有交叠,可以形成 Cr^{3+} 向 Nd^{3+}、Yb^{3+},以及 Er^{3+} 的能量传递。因此,Eu^{2+} 和 Ce^{3+} 与 Cr^{3+} 共掺杂通常用以实现可见到近红外发光的宽带光,Cr^{3+} 与 Nd^{3+}、Yb^{3+},以及 Er^{3+} 共掺杂通常用以实现更宽范围的近红外发光。作者在附录 1 表 2 中整理了近年来发表的通过能量传递获得的宽带近红外发光材料。此外,量子剪裁(QC)也是近红外荧光粉的主要实现方式之一,即吸收一个高能紫外光子,发射出两个低能近红外光子,其理论量子产率为 200%。例如:Ce^{3+}、Yb^{3+} 共掺的 YBO_3 量子剪裁荧光粉,在 358 nm 激发下,发射出峰值位于 973 nm 的近红外光,可以用于硅基太阳能电池,提高器件对于太阳光谱的利用率。

最后,可以预见的是 NIR pc-LED 光源已经进入高爆发发展的时代,积极开发更高效、谱带更宽的近红外荧光粉,不仅可以扩展全光谱 pc-LED 的光谱范围,而且可以极大地促进近红外光谱技术在短波近红外波段的应用。

1.4　近红外发光材料的光谱性能优化方法

基于目前的研究状况来看,近红外发光材料在发光光谱范围、发光效率、热稳定性、铬离子吸收能力等方面还可以继续提升,以满足商业化的需求。现就发光材料光谱性能优化的常用方法做如下介绍。

1.4.1　单原子取代法

单原子取代基于阴阳离子的不同,其作用效果也不同。对于阳离子,以碱金属、碱土金属、过渡族金属、镧系金属等离子替换为主,其原理是通过不同阳离子来改变金属和配体之间的键长和多面体的体积,从而改变激活剂离子周围的晶体场,实现发光颜色的调控。例如:Watanabe 等人通过在可以被蓝光激发的深红色发光的荧光粉 $CaAlSiN_3$:Eu 的基础上,通过 Sr 取代 Ca 获得 $Ca_{1-x}Sr_xAlSiN_3$:Eu 荧光粉,Sr 取代 Ca 的荧光粉与 $CaAlSiN_3$:Eu 相比,发射带明显蓝移,并且在 Eu^{2+} 的掺杂量(摩尔分数)为 0.8% 时,Sr 完全取代 Ca 的样品的发射峰从 650 nm 蓝移至 610 nm。这个蓝移的现象就是因为 Sr(Eu)—N 键长增加和配位多面体的增大。阴离子替换除了影响键长和多面体以外,在电荷形式、电负性等方面也会出现变化。例如:氮离子相比于氧离子具有更高的电荷数和更小的电负性。在氧化物基质材料中,使用氮离子替换氧离子可以实现发光材料的发光红移。这个现象可以从阴离子的极化性角度来解释,氮离子比阳离子具有更大的极化性,这将导致发光中心 Ce^{3+} 和 Eu^{2+} 的质心位移变大,出现发光红移现象。Yang 等人报道了在 $Y_2Si_2O_7$:Ce 的晶格中掺杂氮元素,制备了 $Y_2Si_2O_{7-x}N_x$:Ce 发光材料,随着氮元素含量的增加,实现了由紫色逐渐变成蓝色、青色,到黄色的发光颜色调节。最终获得的 YSi_3N_5:Ce 荧光粉可以被蓝光有效激发,其发射峰位于 552 nm 处。

1.4.2　化学单元共取代法

化学单元共取代法的基础机理与单原子取代法类似,都是通过配位多面体的取代,引起晶格结构的演变来实现构建新的晶体材料。目前,虽然对于这种方法的本质机理还不够清晰,但基于这种方法成功地开发出一些新的发光材料。以石榴石结构材料为例,$Y_3Al_5O_{12}$ 是发光材料基质研究中最多的材料,具有 4 种不同类型的结构,分别是 8 配位的

Y^{3+}、6 配位的 $Al_{(1)}{}^{3+}$、4 配位的 $Al_{(2)}{}^{3+}$ 以及 O^{2-}。通过 $[Ca^{2+}-Si^{4+}]$ 取代 $[Y^{3+}-Al^{3+}]$,分别占据一个 8 配位的 Y^{3+} 和一个 6 配位的 $Al_{(1)}{}^{3+}$,可以获得 $CaY_2Al_4SiO_{12}$ 基质材料;通过 $[Mg^{2+}-Si^{4+}]$ 取代 $[Al^{3+}-Al^{3+}]$,分别占据一个 6 配位的 $Al_{(1)}{}^{3+}$ 和一个 4 配位的 $Al_{(2)}{}^{3+}$,可以获得 $Y_3Mg_2AlSi_2O_{12}$ 基质材料。当然化学单元共取代法并不只局限在两个格位。例如,$Ca_3Sc_2Si_3O_{12}$ 就可以认为是 $[Ca^{2+}-Sc^{3+}-Si^{4+}]$ 取代 $Y_3Al_5O_{12}$ 中的 3 个格位所形成的。目前,化学单元共取代法是一种行之有效的设计和开发 LED 用荧光粉的方法。

1.4.3　能量传递法

能量传递可以使多个发光中心离子同时发光,因此可以在一个很宽的区域内实现光谱调控,甚至可以在一个晶体结构中实现全光谱发射,也就是单一基质荧光粉。有关能量传递的机理内容在下一章进行详细叙述。一般来讲,当敏化剂离子的光谱与激活剂离子的吸收或激发光谱重叠时,就会发生共振能量传递。稀土 Ce^{3+} 和 Eu^{2+} 由于其 5d-4f 能级跃迁的特点,可以有效吸收近紫外光(300～400 nm),实现从蓝光到红光的发射。所以,Ce^{3+} 和 Eu^{2+} 经常被用来作为敏化剂离子。常见的能量传递离子对有 $Ce^{3+}-Mn^{2+}$、$Eu^{2+}-Mn^{2+}$、$Ce^{3+}-Tb^{3+}$、$Ce^{3+}-Eu^{2+}$ 和 $Ce^{3+}-Dy^{3+}$ 等。以 $Ca_9Gd(PO_4)_7$(CGP):Eu,Mn 发光材料为例,在 CGP 基质中,可以很明显地观察到 Eu^{2+} 的发射光谱与 Mn^{2+} 的激发光谱有交叠。CGP:Eu 是一个很宽的发射带,发射峰位于 494 nm。CGP:Mn 的激发峰分别位于 251 nm、340 nm、357 nm、407 nm 和 502 nm,源于基态 $^6A_1(6S)$ 能级到激发态 $^4T_1(4P)$、$^4E(4D)$、$^4T_2(4D)$、$[^4A_1(4G),{}^4E(4G)]$ 和 $^4T_1(4G)$ 能级的跃迁。CGP:Eu,Mn 具有蓝绿光(发射峰位于 494 nm)和红光发射(发射峰位于 652 nm),分别源于 Eu^{2+} 的 $^4f_6{}^5d_1\to{}^4f_7$ 跃迁和 Mn^{2+} 的 $^4T_1(4G)\to{}^6A_1(6S)$ 跃迁。通过调节 Eu^{2+} 和 Mn^{2+} 的浓度比例,可以实现蓝绿光到红光的调制。

本章参考文献

[1] CHO J, PARK J H, KIM J K, et al. White light-emitting diodes: history, progress, and future[J]. Laser & Photonics Reviews, 2017, 11(2): 1600147.

[2] 胡兴军, 江怀. 半导体照明的开发与应用[J]. 光源与照明, 2005(2): 16-18.

[3] 徐叙瑢, 苏勉曾. 发光学与发光材料[M]. 北京:化学工业出版社, 2004.

［4］ 王美媛. Eu²⁺ 激活的氮氧化物荧光粉的发光及其长余辉性质的研究［D］.长春：中国科学院研究生院（长春光学精密机械与物理研究所），2010.

［5］ 许少鸿. 固体发光［M］. 北京：清华大学出版社，2011.

［6］ SCHUBERT E F, KIM J K. Solid-state light sources getting smart［J］. Science, 2005, 308(5726)：1274-1278.

［7］ PIMPUTKAR S, SPECK J S, DEN BAARS S P, et al. Prospects for LED lighting［J］. Nature Photonics, 2009, 3(4)：180.

［8］ DUPUIS R D, KRAMES M R. History, development, and applications of high-brightness visible light-emitting diodes［J］. Journal of Lightwave Technology, 2008, 26(9)：1154-1171.

［9］ PUST P, SCHMIDT P J, SCHNICK W. A revolution in lighting［J］. Nature Materials, 2015, 14(5)：454.

［10］ MASUI H, SONODA J, PFAFF N, et al. Quantum-confined stark effect on photoluminescence and electroluminescence characteristics of InGaN-based light-emitting diodes［J］. Journal of Physics D：Applied Physics, 2008, 41(16)：165105.

［11］ BANDO K, SAKANO K, NOGUCHI Y, et al. Development of high-bright and pure-white LED lamps［J］. Journal of Light & Visual Environment, 1998, 22(1)：2-5.

［12］ VATANSEVER F, HAMBLIN M R. Far infrared radiation (FIR)：its biological effects and medical applications［J］. Photonics & Lasers in Medicine, 2012, 1(4)：255-266.

［13］ XIE C, YOU P, LIU Z, et al. Ultrasensitive broadband phototransistors based onperovskite/organic-semiconductor vertical heterojunctions［J］. Light：Science & Applications, 2017, 6(8)：e17023.

［14］ HAYASHI D, VAN DONGEN A M, BOEREKAMP J, et al. A broadband LED source in visible to short-wave-infrared wavelengths for spectral tumor diagnostics［J］. Applied Physics Letters, 2017, 110(23)：233701.

[15] HERSCHEL W. Experiments on therefrangibility of the invisible rays of the sun[J]. Philosophical Transactions of the Royal Society of London, 1800 (90): 284-292.

[16] WILLIAMS P, NORRIS K. Near-infrared technology in the agricultural and food industries[M].Saint Paul: American Association of Cereal Chemists, Inc., 1987.

[17] FUCHI S, TAKEDA Y. Wideband near-infrared phosphor by stacking Sm^{3+} doped glass underneath Yb^{3+}, Nd^{3+} co-doped glass[J]. Physica Status Solidi C, 2011, 8(9): 2653-2656.

[18] PULLI T, DÖNSBERG T, POIKONEN T, et al. Advantages of white LED lamps and new detector technology in photometry[J]. Light: Science & Applications, 2015, 4(9): e332.

[19] RAJENDRAN V, FANG M H, GUZMAN G N D, et al. Super broadband near-infrared phosphors with high radiant flux as future light sources for spectroscopy applications[J]. ACS Energy Letters, 2018, 3(11): 2679-2684.

[20] SHAO Q Y, DING H, YAO L, et al. Photoluminescence properties of a $ScBO_3$: Cr^{3+} phosphor and its applications for broadband near-infrared LEDs[J]. RSC advances, 2018, 8(22): 12035-12042.

[21] ZHANG L L, ZHANG S, HAO Z D, et al. A high efficiency broad-band near-infrared $Ca_2LuZr_2Al_3O_{12}$: Cr^{3+} garnet phosphor for blue LED chips[J]. Journal of Materials Chemistry C, 2018, 6(18): 4967-4976.

[22] RAJENDRAN V, CHANG H, LIU R S. Recent progress on broadband near-infrared phosphors-converted light emitting diodes for future miniature spectrometers[J]. Optical Materials: X, 2019, 1: 100011.

[23] SHAO Q, DING H, YAO L, et al. Broadband near-infrared light source derived from Cr^{3+}-doped phosphors and a blue LED chip[J]. Optics Letters, 2018, 43(21): 5251-5254.

[24] DAVIES A M C, GRANT A. Review: Near infra-red analysis of food[J]. International Journal of Food Science & Technology, 1987, 22(3): 191-207.

[25] MEHINAGIC E, ROYER G, SYMONEAUX R, et al. Prediction of the sensory

quality of apples by physical measurements[J]. Postharvest Biology and Technology, 2004, 34(3): 257-269.

[26] BIRTH G S, DULL G G, RENFROE W T, et al. Nondestructive spectrophotometric determination of dry matter in onions[J]. Journal of the American Society for Horticultural Science, 1985, 110(2): 297-303.

[27] BOERIU C G, STOLLE-SMITS T, VAN DIJK C.Characterisation of cell wall pectins by near infrared spectroscopy[J]. Journal of Near Infrared Spectroscopy, 1998, 6: A299-A301.

[28] YE M, GAO Z, LI Z, et al. Rapid detection of volatile compounds in apple wines using FT-NIR spectroscopy[J]. Food Chemistry, 2016, 190: 701-708.

[29] OSHIMA K, TERASAWA K, FUCHI S, et al. Fabrication of wideband near-infrared phosphor by stacking Sm^{3+}-doped glass on Pr^{3+}-doped glass phosphors[J]. Physica Status Solidi C, 2012, 9(12):2340-2343.

[30] FUCHI S, TAKEDA Y.Wideband near-infrared phosphor by stacking Sm^{3+} doped glass underneath Yb^{3+}, Nd^{3+} co-doped glass[J]. Physica Status Solidi C, 2011, 8(9): 2653-2656.

[31] ZENG H, ZHOU T, WANG L, et al. Two-site occupation for exploring ultra-broadband near-infrared phosphor-double-perovskite La_2MgZrO_6: Cr^{3+}[J]. Chemistry of Materials, 2019, 31(14): 5245-5253.

[32] NANAI Y, ISHIDA R, URABE Y, et al. Octave-spanning broad luminescence of Cr^{3+}, Cr^{4+}-codoped Mg_2SiO_4 phosphor for ultra-wideband near-infrared LEDs[J]. Japanese Journal of Applied Physics, 2019, 58(SF): SFFD02.

[33] DONEGAN J F, BERGIN F J, GLYNN T J, et al. The optical spectroscopy of $LiGa_5O_8$: Ni^{2+}[J]. Journal of Luminescence, 1986, 35(1): 57-63.

[34] ADACHI S. Photoluminescence properties of Mn^{4+}-activated oxide phosphors for use in white-LED applications: a review[J]. Journal of Luminescence, 2018, 202: 263-281.

[35] QIAO J, ZHOU G, ZHOU Y, et al. Divalent europium-doped near-infrared-emitting phosphor for light-emitting diodes[J]. Nature Communications, 2019, 10(1): 5267.

[36] KONG L, LIU Y Y, DONG L P, et al. Near-infrared emission of $CaAl_6Ga_6O_{19}$: Cr^{3+}, Ln^{3+}(Ln = Yb, Nd, and Er) via energy transfer for C-Si solar cells[J]. Dalton Transactions, 2020, 49(25): 8791-8798.

[37] PAN E, BAI G X, LEI L, et al. The electrical enhancement and reversible manipulation of near-infrared luminescence in Nd doped ferroelectric nanocomposites for optical switches[J]. Journal of Materials Chemistry C, 2019, 7(15): 4320-4325.

[38] MAIMAN T H. Stimulatedoptical radiation in ruby[J]. Nature, 1960, 187(4736): 493-494.

[39] BOULON G. Fifty years of advances in solid-state laser materials[J]. Optical Materials, 2012, 34(3): 499-512.

[40] PETERMANN K, MITZSCHERLICH P. Spectroscopic and laser properties of Cr^{3+}-doped $Al_2(WO_4)_3$ and $Sc_2(WO_4)_3$[J]. IEEE Journal of Quantum Electronics, 1987, 23(7): 1122-1126.

[41] WANG G, HAN X, SONG M, et al. Growth and spectral properties of Cr^{3+}: $KAl(MoO_4)_2$ crystal[J]. Materials Letters, 2007, 61(18): 3886-3889.

[42] SENNAROGLU A. Broadly tunable Cr^{4+}-doped solid-state lasers in the near infrared and visible[J]. Progress in Quantum Electronics, 2002, 26(6): 287-352.

[43] PETRICEVIC V, GAYEN S K, ALFANO R R. Laser action in chromium-activated forsterite for near-infrared excitation: Is $Cr^{4+}$the lasing ion[J]. Applied Physics Letters, 1988, 53(26): 2590-2592.

[44] KÜCK S, PETERMANN K, POHLMANN U, et al. Tunable room-temperature laser action of Cr^{4+}-doped $Y_3Sc_xAl_{5-x}O_{12}$[J]. Applied Physics B, 1994, 58(2): 153-156.

[45] LUPEI V V, LUPEI A, TISEANU C, et al. High-resolution optical spectroscopy of YAG: Nd: a test for structural and distribution models[J]. Physical Review B, 1995, 51(1): 8-17.

[46] LI Y, LI Y Y, CHEN R C, et al. Tailoring of the trap distribution and crystal field in Cr^{3+}-doped non-gallate phosphors with near-infrared long-persistence phosphorescence[J]. NPG Asia Materials, 2015, 7(5): e180.

[47] BASORE E T, WU H J, XIAO W G, et al. High-power broadband NIR LEDs enabled by highly efficient blue-to-NIR conversion[J]. Advanced Optical Materials, 2021, 9(7): 2001660.

[48] CHATTOPADHYAY J, SRIVASTAVA N. Application of nanomaterials in chemical sensors and biosensors[M]. Boca Raton: CRC Press, 2021: 87-111.

[49] CUI J, LI P, CAO L, et al. Achievement of broadband near-infrared phosphor $Ca_3Y_2Ge_3O_{12}$: Cr^{3+}, Ce^{3+} via energy transfer for food analysis[J]. Journal of Luminescence, 2021, 237: 118170.

[50] LIU P J, LIU J, ZHENG X, et al. An efficient light converter YAB: Cr^{3+}, Yb^{3+}/Nd^{3+} with broadband excitation and strong NIR emission for harvesting C-Si-based solar cells[J]. Journal of Materials Chemistry C, 2014, 2(29): 5769-5777.

[51] HAO Y Y, WANG Y, HU X Y, et al. YBO_3: Ce^{3+}, Yb^{3+} based near-infrared quantum cutting phosphors: synthesis and application to solar cells[J]. Ceramics International, 2016, 42(8): 9396-9401.

[52] WATANABE H, KIJIMA N. Crystal structure and luminescence properties of $Sr_xCa_{1-x}AlSiN_3$: Eu^{2+} mixed nitride phosphors[J]. Journal of Alloys and Compounds, 2009, 475(1/2): 434-439.

[53] YANG H C, LIU Y, YE S, et al. Purple-to-yellow tunable luminescence of Ce^{3+} doped yttrium-silicon-oxide-nitride phosphors[J]. Chemical Physics Letters, 2008, 451(4-6): 218-221.

[54] XIA Z G, MEIJERINK A. Ce^{3+}-doped garnet phosphors: composition modification, luminescence properties and applications[J]. Chemical Society Reviews, 2017, 46(1): 275-299.

[55] XIA Z G, LIU Q L. Progress in discovery and structural design of color conversion

phosphors for LEDs[J]. Progress in Materials Science, 2016, 84: 59-117.

[56] HUANG C H, LIU W R, CHEN T M. Single-phased white-light phosphors $Ca_9Gd(PO_4)_7$: Eu^{2+}, Mn^{2+} under near-ultraviolet excitation[J]. The Journal of Physical Chemistry C, 2010, 114(43): 18698-18701.

第2章　能量传递基本理论

2.1　发光中心及发光原理

发光材料的发光性能由发光中心及基质材料共同决定。常见的发光中心包括 VO_4^{3-}、WO_4^{2-} 等自激发酸根离子发光中心,Cr^{3+}、Mn^{4+} 等过渡金属离子发光中心以及 Ce^{3+}、Eu^{2+} 等稀土离子发光中心。自激发酸根离子发光中心的特点是材料中不需要掺杂其他发光离子就能实现发光,是研究荧光粉材料的重要种类之一。过渡金属离子以及稀土离子发光中心是通过能级跃迁来实现发光,通常也被称为"掺杂剂／激活剂"。本书的重点在于构建过渡金属离子与稀土离子之间的能量传递,因此下面主要介绍过渡金属离子以及稀土离子的发光原理。

2.1.1　稀土元素电子组态

稀土元素由17种化学性质相似的元素组成,包括镧系的第51～71号元素镧(La)、铈(Ce)、镨(Pr)、钕(Nd)、钷(Pm)、钐(Sm)、铕(Eu)、钆(Gd)、铽(Tb)、镝(Dy)、钬(Ho)、铒(Er)、铥(Tm)、镱(Yb)和镥(Lu)以及钪(Sc)和钇(Y)。其中稀土离子的特殊的电子层结构决定了其具有独特的光、电、磁效应。下面先简要介绍一下稀土元素的基态电子组态及其离子的电子组态:

钪原子的电子组态为:

$1s^2 2s^2 2p^6 3s^2 3p^6 3d^1 4s^2$

钇原子的电子组态为:

$1s^2 2s^2 2p^6 3s^2 3p^6 3d^{10} 4s^2 4p^6 4d^1 5s^2$

镧系原子的电子组态为:

$1s^2 2s^2 2p^6 3s^2 3p^6 3d^{10} 4s^2 4p^6 4d^{10} 4f^N 5s^2 5p^6 5d^m 6s^2$,$N = 0 \sim 14$,$m = 0$ 或 1。钪、钇和镧系稀土离子在化合物中一般以正三价形态存在,当形成正三价离子时其电子组态为:

$Sc^{3+} \ 1s^2 2s^2 2p^6 3s^2 3p^6$

$Y^{3+} \ 1s^2 2s^2 2p^6 3s^2 3p^6 3d^{10} 4s^2 4p^6$

Ln^{3+} $1s^2 2s^2 2p^6 3s^2 3p^6 3d^{10} 4s^2 4p^6 4d^{10} 4f^N 5s^2 5p^6$

其中镧系元素的差别就在于 f 层电子的填充数目的不同。随原子序数的增加,N 的数值由 1 到 14 变化。由此构成了稀土元素的电子组态具有的特征:随着原子序数的增加,有效电荷增加导致 4f 电子层收缩,从而导致稀土离子的半径减小(镧系收缩)。其中三价稀土离子 Sc^{3+}、Y^{3+} 和 La^{3+}($4f^0$)缺少 4f 电子,而 Gd^{3+}($4f^7$)的 4f 电子半充满,Lu^{3+}($4f^{14}$)的 4f 电子全部充满,因此它们的电子层结构都是密闭的。虽然这几个离子由于密闭的电子层结构具有光学惰性,表现为无色离子,但是非常适合作为基质阳离子。对于其他 Ln^{3+},其 4f 电子被外层 $5s^2 5p^6$ 壳层屏蔽并且都处于未充满状态,因此,这些稀土离子不仅具有丰富的能级,可以发射出各种波段的光子,而且 4f 层电子受外界电、磁场和配位场的影响较小,非常适合作为发光材料的激活离子。

2.1.2　稀土离子的跃迁

常见的稀土离子的发光可以分为两类:4f 电子组态能级之间的 f-f 跃迁以及电子从较高的 5d 能级跃迁到 4f 能级的 5d-4f 跃迁,如果考虑到基质对稀土离子的作用还有电荷迁移跃迁。

(1)f-f 跃迁。

大部分稀土离子的跃迁属于其内层电子的 f-f 跃迁过程,但 f-f 跃迁是被宇称选律严格禁戒的,属于禁戒跃迁。由于晶体场的作用,4f 组态和与其宇称相反的组态(如 5d 组态)发生混合,禁戒被部分解除,从而可以观察到 f-f 跃迁。由于 f-f 跃迁处于 f 壳层受到外壳层的屏蔽作用,受外界影响较小,其吸收及发射光谱均表现为锐的线状谱,并且具有荧光寿命长,吸收系数小,基质对材料发光颜色及光谱形状的影响小,谱线丰富等特点。

(2)f-d 跃迁。

稀土离子还具有 5d-4f 跃迁,例如,三价稀土离子和大部分二价稀土离子,如 Ce^{3+}、Pr^{3+}、Sm^{2+}、Eu^{2+} 等。根据选择定则,5d-4f 跃迁是电偶极允许的,其特点为吸收系数大,发光强度高,荧光寿命较短,可受晶体场影响改变颜色等。这种跃迁与禁戒的 f-f 跃迁有很大的差别。由于 5d 壳层裸露在外层,受晶格的振动影响,呈现为带状峰发射,半高宽可达 1 000 ~ 2 000 cm^{-1}。并且在实际中一般只能观察到 Ce^{3+}、Pr^{3+} 和 Eu^{2+} 的 f-d 跃迁吸收带。

(3) 电荷迁移跃迁。

一般把电子从配体(如 O^{2-} 的 2p 电子)迁移至稀土离子部分填充的 4f 壳层时的跃迁称为电荷迁移跃迁。这类跃迁的激发谱带为宽带,吸收系数较大。同一离子的电荷迁移带位置和基质有关。而在同一基质中,不同稀土离子电荷迁移带的位置和 4f 电子数有关。目前已知具有电荷迁移吸收带的稀土离子有 Eu^{3+}、Yb^{3+}、Ce^{4+}、Pr^{4+} 和 Tb^{4+} 等,但是一般观察不到电荷迁移带的发光,其发光过程一般都是通过弛豫到 4f 能级而进行的 f-f 跃迁发射。

2.1.3   稀土离子 Nd^{3+} 和 Yb^{3+} 的光谱性质

1.稀土离子 Nd^{3+} 的能级结构

Nd^{3+} 的 $4f^{13}$ 组态的基态能级为 $^4I_{9/2}$,其 $4f^3$ 组态有 41 个 J 能级。图 2.1 展示了 $LaCl_3$ 中三价稀土离子的能级图。Nd^{3+} 是一种非常好的四能级系统的激活离子,被激发后可以跃迁到 $^4F_{3/2}$、$^4F_{5/2}$、$^4F_{7/2}$ 等激发态能级。其中,Nd^{3+} 的发光上能级为 $^4F_{3/2}$,寿命为 200 ~ 500 μs。因此,处于激发态能级的 Nd^{3+} 通过无辐射跃迁到 $^4F_{3/2}$ 能级,然后辐射跃迁到下能级 $^4I_{13/2}$、$^4I_{11/2}$ 以及基态能级 $^4I_{9/2}$ 并发光。其中,$^4F_{3/2}$—$^4I_{11/2}$ 的能级跃迁所占的跃迁分支比最大,可用于产生 1 064 nm 的激光。

2.稀土离子 Yb^{3+} 的能级结构

相比于 Nd^{3+},Yb^{3+} 的能级结构非常简单,其 $4f^{13}$ 组态的基态能级为 $^2F_{7/2}$,仅有一个激发态 $^2F_{5/2}$,二者的能量差约 10 000 cm^{-1}。与其他属于 f-f 跃迁的稀土离子相比,Yb^{3+} 具有相对较大的吸收截面,较长的激发态寿命(约 1 ms),较高的自猝灭浓度,且与商用化的近红外二极管激光器(InGaAs LD)的发射能量(980 nm)匹配较好,因此是目前上转换领域应用最多的敏化离子。同时,Yb^{3+} 的发射波长与目前商用化的多晶硅太阳能电池光谱最大响应范围吻合,有望利用其提高太阳能电池的转换效率。另外,Yb^{3+} 还常被用作激光晶体中的激活离子。

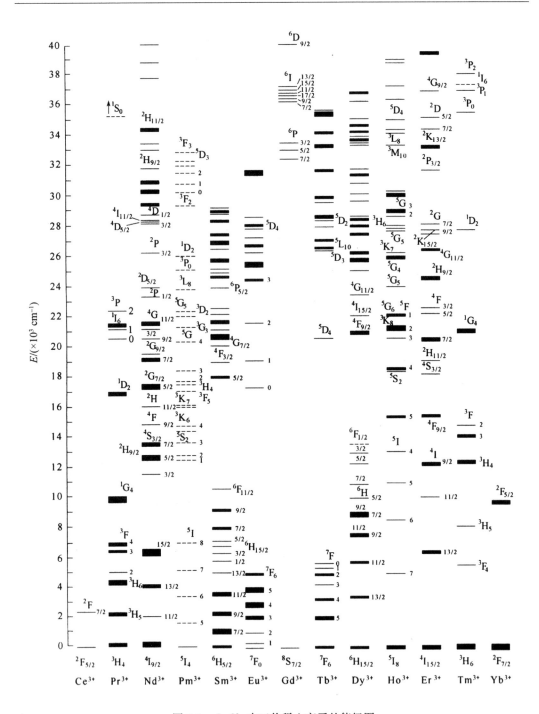

图 2.1　LaCl₃ 中三价稀土离子的能级图

2.1.4　过渡金属离子发光原理

宿主晶格对发光中心的突出相互作用是配体场分裂和电子云重排效应。电子云重排效应是指当中心稀土离子与不同配体结合时,其相同的 J 能级间的跃迁谱带位置略有移动的现象。在以 Ce^{3+}/Eu^{2+} 为发光中心的材料中,Ce^{3+}/Eu^{2+} 的发光属于 f–d 跃迁,5d 壳层裸露在外层,电子云重排效应明显。而在以 d–d 跃迁为主的过渡金属离子发光中,电子云重排效应影响较小,主要受晶体场强度的影响。

过渡金属离子具有未填满的 d 电子壳层,即电子组态为 $d_n(0 < n < 10)$,相应的能级可以通过 d 电子和晶体场间的相互作用计算得到。由于过渡金属离子的 3d 电子在外层上,其发光受周围配位环境的影响非常大。一般在研究过渡金属离子发光时,首先考虑 d 轨道是否受八面体对称或是四面体对称的晶体场影响。若处于八面体环境中,发生能级劈裂,将五重简并轨道分裂成两组能级(E_g 和 T_{2g})。八面体晶体场强度和晶格振动对过渡金属离子的 $^4T_{2g}$ 到 $^4A_{2g}$ 和 $^4T_{1g}$ 到 $^4A^{2g}$ 的能级间距有很大的影响。因此,由这两组能级跃迁所产生的吸收带呈宽带。若处于四面体环境中,由于缺少中心对称,会将少许相反的宇称波函数混进 d 波函数中,因此宇称禁戒被部分解除。

2.1.5　过渡金属 Cr^{3+} 的光谱性质

Cr^{3+} 的发光能级有两个(^2E_g 和 $^4T_{2g}$)。其中 ^2E_g 对应窄带发射峰为自旋禁戒,而 $^4T_{2g}$ 对应宽带发射峰为自旋允许。同时,未满的 d 轨道提供了由 $3d_3$ 组态内能级跃迁产生的在可见范围内的强吸收。Cr^{3+} 最先由其在红宝石材料内的优异发射而闻名。目前的研究表明,由于 Cr^{3+} 在晶体中较强的 d–d 跃迁可以产生非常强烈的近红外光致发光,而成为优质的近红外发光中心。图 2.2 展示了 Cr^{3+} 在晶体场中的 Tanabe–Sugano 配置图。可以看到 $^4T_{2g}$ 的位置受配位原子的晶体场强的影响。在较强的晶体场影响下,^2E_g 能级低于 $^4T_{2g}$ 能级,由此展示为窄带的线状发射,此时的 ^2E_g 能级为第一激发态。在弱的晶体场影响下,$^4T_{2g}$ 能级低于 ^2E_g 能级,由此展示为宽带发射。因此,想要获得 Cr^{3+} 的高效、宽带发射峰,就需要使其处于一个弱的晶体场环境中。

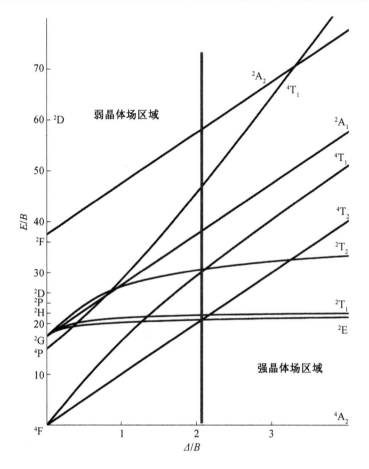

图 2.2　Cr^{3+} 在晶体场中的 Tanabe－Sugano 配置图

E— 辐射跃迁的能量；B— 晶体场的拉卡参数；Δ— 晶体场分裂能

2.2　能量传递理论

　　发光中心受到激发后，其电子将会从稳定的基态跃迁到不稳定的非平衡高能激发态。处于高能激发态的电子必然要返回平衡态（基态），有以下三种途径可以实现这种电子的去激发过程：（1）辐射跃迁，即电子通过释放光子的形式由高能激发态跃迁回低激发态或基态；（2）无辐射跃迁，通过与晶格的相互作用，处于激发态的电子将能量传给晶格，变成晶格振动的热能，而其自身返回基态；（3）能量传递，由两种不同的发光中心共同实现，其中一种受到激发后到达高能激发态，然后以传递的形式将能量传给另外一种仍处于基态的发光中心致使其被激发，而第一个发光中心则返回基态。在这个过程中，给出能量的发光中心称为施主（供体），接收能量的发光中心称为受主（受体）。下面将通过 Dexter

等人研究的能量传递理论着重讨论通过能量传递实现去激发的过程。

2.2.1　能量传递的方式

在稀土以及过渡金属离子作为发光中心的材料体系中,能量传递主要有以下两种方式:

(1) 辐射能量传递(再吸收)。

再吸收是通过基质中受主发光中心 B 吸收同样在基质中的施主发光中心 A 发出的光所激发并且致使发光中心 A 回到基态的能量传递的过程。这一过程也被称为辐射能量传递。再吸收发生必须要求 A 中心的发光被 B 中心所吸收,因此,其实现的必要条件为发光中心 A 的发射光谱与发光中心 B 的吸收光谱必须有较大重叠;并且传递过程中 A/B 发光中心必须有足够的距离让传递媒介光子通过。因此,在液体或气体发光材料中发光粒子之间距离较远,这种情况下再吸收能量传递方式可以完全发挥其优势。而在固体发光材料中,由于 A/B 发光中心的距离较近,再吸收现象发生的概率相对较低,并且当发光中心电子与基质晶格振动的声子耦合很强时,该现象几乎不会发生。更重要的是,相比其他能量传递方式,再吸收的效率较低,在发光材料中再吸收的发生将会影响材料的发光效率。

(2) 无辐射能量传递。

两个发光中心之间存在近场力相互作用,并通过电偶极子、电四极子、磁偶极子等近场力的相互作用把激发能传递给另一个中心的过程称为无辐射能量传递。这个过程中从激发态回到基态的称为能量施主,受激后从基态跃迁到激发态的称为能量受主。两者之间发生无辐射能量传递必须具备的条件为施主的发射光谱与受主的激发光谱(吸收谱)之间有一定的交叠。无辐射能量传递的距离一般小于 100 Å(1 Å = 0.1 nm),当离子间距离较近(不超过 5 Å) 时,发生能量传递的方式为交换作用能量传递。无辐射能量传递也分为两种形式:如果施主激发态与基态能级间的能量差与受主的能量差相等,则它们可以发生共振无辐射能量传递;如果施主和受主能量差之间存在差别,则需要声子的参与以使该过程满足能量守恒,此时的能量传递过程称为非共振无辐射能量传递。在稀土离子掺杂的无机发光材料中,无辐射能量传递具有较高的传递效率,是最重要的传递方式。下面将重点介绍无辐射能量传递的物理概念、物理模型和相关的物理现象。

2.2.2　能量传递的速率

Förster 和 Dexter 等研究学者为发光离子的能量传递理论做出了较大的贡献。其中

Förster – Dexter 的共振能量传递理论体系说明了两个共振的发光中心的激发能量可以相距一定距离通过一定的相互作用实现传递,这种相互作用既可以是静电相互作用(图 2.3),也可以是量子交换作用(图 2.4)。

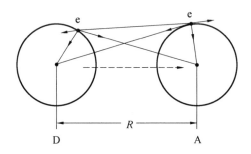

图 2.3　　共振能量传递中的静电相互作用

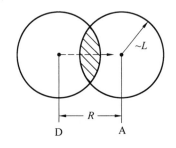

图 2.4　　共振能量传递中的量子交换作用

在能量传递过程中假设两个粒子之间发生能量传递,其中能量供体用 D 表示,能量受体用 A 表示,那么在单个 D 与 A 组成的系统中(图 2.5)把 D – A 间相互作用的哈密顿(Hamilton)算符设为 H',其中 $|1^*,2>$ 和 $|1,2^*>$ 分别代表能量传递前后系统的波函数,这里 $*$ 表示激发态,$H_0|1^*,2>=E_1|1^*,2>$,$H_0|1,2^*>=E_2|1,2^*>$。在 H' 的作用下,系统发生 $|1^*,2>\rightarrow|1,2^*>$ 跃迁的过程就是能量传递的过程。按照费米(Fermi)黄金规则,这个系统中跃迁过程发生的概率可以表达为

$$\frac{2\pi}{h}|<1,2^*|H'|1^*,2>|^2\delta(E_1-E_2)$$

对体系中所有可能发生此跃迁的能量范围进行积分,那么传递速率可以表示为

$$X=\frac{2\pi}{h}\iint|<1,2^*|H|1^*,2>|^2g_1(E_1)g_2(E_2)\delta(E_1-E_2)\mathrm{d}E_1\mathrm{d}E_2=$$

$$\int|<1,2^*|H|1^*,2>|^2g_1(E)g_2(E)\mathrm{d}E$$

式中，$g_1(E_1)$、$g_2(E_2)$ 分别为 $|1^*> \to |1>$ 和 $|2> \to |2^*>$ 跃迁的归一化线性函数。

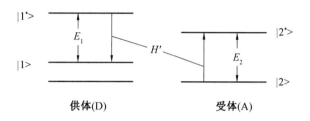

图 2.5　供体(D)向受体(A)能量传递的图示

D－A 之间的距离与能量传递速率是有一定的关系的。D－A 之间各种相互作用能与矩阵元 $<1,2^*|H'|1^*,2>$ 成正比，而能量传递跃迁的速率 X 与矩阵元 $<1,2^*|H'|1^*,2>$ 的平方成正比。由此矩阵元 H' 和能量传递速率 X 与 D－A 间距离 R 的关系如表 2.1 所示，表中参数如图 2.6 所示。

表 2.1　Hamilton 算符与能量传递速率 X 及 R 的关系

相互作用	H'	X	说明
电偶极－电偶极	$\propto 1/R^3$	$X_0(R_0/R)^6$	$R = R_0$ 时 $X = X_0$
电偶极－电四极	$\propto 1/R^4$	$X_0(R_0/R)^8$	
电四极－电四极	$\propto 1/R^5$	$X_0(R_0/R)^{10}$	
磁偶极－磁偶极	$\propto 1/R^3$	$X_0(R_0/R)^6$	
交换相互作用	$-e^2/r_{12}$	$X_0\exp(-2R/R_B)$	R_B 为有效玻尔(Bohr)半径　X_0 为常数

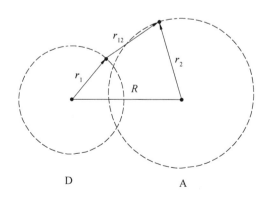

图 2.6　D－A 对的能量传递

2.2.3　声子辅助能量传递

当施主和受主能量差之间存在差别时,也就是说当 D 的发射光谱和 A 的吸收光谱的交叠很小时,根据前文的叙述需要声子的参与以使该过程满足能量守恒。这种情形下,施主与受主之间的跃迁能量差 ΔE 可以由吸收或发射光子来补偿,其能量传递的概率可以表示为

$$P_{as}(\Delta E) = P_{as}(0)\,e^{-\beta \Delta E}$$

式中,$P_{as}(0)$ 与共振能量传递概率相等;β 作为其中的一个参数,是由 D – A 跃迁能量差值的大小以及参与能量补偿的声子数目决定的。根据 1970 年 Miyakawa 和 Dexter 交叠积分与温度的关系建立的多声子辅助能量传递的理论和 1976 年 Holstein 等研究的小能量失配的能量传递过程可以知道,声子辅助能量传递的速率受温度的影响很大。

2.2.4　晶格中的能量传递

对于一对距离确定且随机分布的供体(D)和受体(A),它们之间能量传递的速率由于 D – A 之间的几何关系及其相互作用的机理而满足一定的分布。因此,从宏观观察到的供体和受体的发光过程,可以得到一个统计平均的结果,这个过程可以通过能量传递的微观动力学方程来描述。

1.能量传递的微观动力学方程

设系统被激发后 t 时刻第 i 个 D 处在激发态的概率为 $P_i(t)$,它的能量向第 j 个 A 传递的速率设为 X_{ij},向第 i' 个 D 传递的速率为 W'_{ii},并设所有 D 均有相同的固有衰减速率 γ。在均匀弱激发的条件下,$P_i(t)$ 随时间的变化可由线性微分方程组表达:

$$\frac{dP_i(t)}{dt} = -\gamma P_i(t) - \sum_{i,i\neq i}^{N_D} W_{ii} P_i(t) + \sum_{i,i\neq i}^{N_D} W_{ii} P_i(t) - \sum_{j}^{N_A} X_{ij} P_i(t) \qquad (2.1)$$

式中,右边第一项表示 D 本身的去激发;第二项表示 i 向所有其他 D 的能量传递;第三项表示所有其他 D 向 i 的能量传递;第四项表示 i 向所有 A 的能量传递;N_D 和 N_A 分别表示系统中 D 和 A 的总数,方程组中有 N_D 个方程。均匀激发意味着 $P_i(0) = 1/N_D$,弱激发代表着 $P_i(t) \ll 1$。在全部讨论过程中,假设:①没有 A 到 D 的逆传递;②所有 D 和 A 都占据着格点位置,并且它们的浓度 C_D 和 C_A 都远小于 1。

实验中观察到的 D 的发光都是来自于所有被激发的 D,因此正比于

$$\sum_{i}^{N_D} P_i(t) \equiv F(t) = e^{-\gamma t} f(t) \tag{2.2}$$

其中，$f(t)$ 只与能量传递有关。对式（2.1）中的 i 求和，得到

$$\frac{\mathrm{d}F(t)}{\mathrm{d}t} = -\gamma F(t) - <X(t)> F(t) \tag{2.3}$$

由均匀激发的初始条件 $P_i(0) = 1/N_D$，得到 $F(0) = 1$，则式（2.3）中的 $<X(t)>$ 可以表示为

$$<X(t)> = \frac{\sum_{i,j}^{N_D, N_A} X_{ij} P_i(t)}{\sum_{i}^{N_D} P_i(t)} \tag{2.4}$$

式（2.3）的解可以写为

$$F(t) = \exp\left[-\gamma t - \int_0^t <X(t)> \mathrm{d}t\right] f(t) = \exp\left[-\int_0^t <X(t)> \mathrm{d}t\right] \tag{2.5}$$

由式（2.5）及 $<X(t)>$ 的定义可得

$$<X(0)> = \frac{\mathrm{d}f(t)}{\mathrm{d}t}\bigg|_{t=0} = \frac{1}{N_D} \sum_{i,j}^{N_D, N_A} X_{ij} = <X_i> = C_A \sum_n^N X_{0n} \tag{2.6}$$

设 D 处于原点，格位 n 被 A 占据的概率是 C_A，则这个格位对 D-A 传递速率的贡献为 $C_A X_{0n}$。式（2.6）中最后一个等式表示供体 D 周围所有的受体 A 的能量传递速率相加，相当于对所有 N 个晶格位置的平均。由式（2.6）可以知道，对于所有的能量传递模型，$t = 0$ 时刻 $f(t)$ 的斜率都可表示为 $<X_i>$。

2.静态能量传递（Förster-Inokuti-Hirayama 模型）

D-D 之间的能量传递为零即所谓的静态能量传递。假设 D 位于原点，格点 n 被 A 占据的概率为 C_A，那么不被 A 占据的概率即为 $(1/C_A)$。若 n 为 A 占据，则处于原点的 D 仍在激发态的概率将按 $e^{-X_{0n}t}$ 减小；若 n 不被 A 占据，则 D 处于激发态的概率将不受影响。由上可得格点 n 对处于原点的 D 衰减的影响表示为 $(1-C_A) + C_A e^{-X_{0n}}$。由于不同的格点是否被 A 占据是相互独立的事件，整个晶体对这个 D 衰减的影响为每个格位影响的乘积。基于上述考虑，由式（2.1）可得

$$P_i(t) = \frac{1}{N_D} \exp\left(-\gamma t - \sum_j^{N_A} X_{ij} t\right)$$

$$f_0(t) = \frac{1}{N_D} \sum_i^{N_D} \exp\left(-\sum_j^{N_A} X_{ij} t\right) = \prod_n^N \left[(1-C_A) + C_A e^{-X_{0n}t}\right] \tag{2.7}$$

把式(2.7)改写为

$$f_0(t) = \exp\{ [1 - C_A(1 - e^{-X_{0n}t})] \}$$

当 $C_A \ll 1$ 时,由 $\ln(1+x) \approx x$,有

$$f_0(t) = \exp\Big[- C_A \sum_n^N (1 - e^{-X_{0n}t}) \Big]$$

设系统是各向同性的,把求和用积分代替,有

$$\sum_n^N \Rightarrow \frac{N}{V} \int_0^{(\frac{3V}{4\pi})^{1/3}} dr 4\pi r^2$$

式中,$N/V = 1/v_0$,v_0 为元胞体积,$v_0 = (4\pi/3) R_0^3$;R_0 为维格纳 – 塞茨(Wigner – Seitz)球半径。由此,得

$$\sum_n^N (1 - e^{-X_{0n}t}) = \frac{1}{v_0} \int_0^{(\frac{3V}{4\pi})^{1/3}} 4\pi r^2 (1 - e^{-X(r)t}) \, dr$$

进一步积分需考虑 $X(r)$ 的具体形式,即 D – A 间相互作用与距离的关系(表2.1)。

(1)对于电多极相互作用:

$$X(r) = X_0(R_0/r)^s \tag{2.8}$$

式中,X_0 为相距 R_0 的一对(D,A)能量传递的速率;s 为电多极指数,$s = 6,8,10$ 分别表示电偶极 – 电偶极、电偶极 – 电四极、电四极 – 电四极相互作用。积分后可以得到

$$\sum_n^N (1 - e^{-X_{0n}t}) = (X_0 t)^3 \int_{\frac{X_0 t}{N^{s/3}}}^{\infty} e^{-u} u^{-3/s} du$$

因 $N \to \infty$,积分下限用0近似,得到

$$f_0(t) = \exp [- C_A (X_0 t)^{3/s} \Gamma(1 - 3/s)] \tag{2.9}$$

(2)对于交换相互作用:

$$X(r) = X_e e^{-2r/R_B} \tag{2.10}$$

式中,X_e 为常数,将 $\exp(- X_e t\, e^{-2r/R_B})$ 展开为泰勒(Taylor)级数,积分后得到

$$f(t) = \exp\Big[- C_A \frac{3}{4} \Big(\frac{R_B}{R_0}\Big)^3 X_0 t \sum_{j=0}^{\infty} \frac{(- X_e t)^j}{j! \, (j+1)^4} \Big] \tag{2.11}$$

在式(2.9)中,$t \to 0$ 时 $df/dt \to \infty$,与式(2.6)矛盾,这是由用积分代替求和时下限取 0引起的。实际状况中 D – A 间最小距离是不为0的,将激发下限取为0必然使 $t \to 0$ 附近的传递速率被高估,因此式(2.9)并不适于 $t \to 0$ 附近。衰减开始时,先是以式(2.6)表示的 $< X_i >$ 为速率的指数式衰减,也就是说 D 周围 A 的短程有序分布。经过一定时间,衰减开始以式(2.9)描述的方式非指数式地进行。

3. D－D 之间能量迁移对 D－A 传递的影响

D 的衰减过程可以用三个阶段来描述：初始时是静态有序阶段，如式(2.8)所述，然后是静态无序阶段（式(2.9)或式(2.11)），最后是指数式的迁移加速阶段。

因此，如果考虑 D－A 随机分布系统中能量在 D－D 之间的迁移对 D 的发光衰减曲线的影响，针对 D－D 传递速率 W_0 和 D－A 之间的传递速率 X_0 相对大小的不同，就需要扩散模型（$W_0 \leqslant X_0$）和跳跃模型（$W_0 \geqslant X_0$）。其中当 $X_0 \gg W_0$ 时，D－D 传递只是对 D－A 传递的微扰。D－D 和 D－A 传递分别由指数 s' 和 s 的电多极相互作用引起，迁移加速阶段的衰减规律为

$$F(x) = \exp\left[-\alpha(s',s)\, X_0^{\frac{1}{s-2}}\, W_0^{\frac{s-3}{s-2}}\, C_A\, C_D^{\frac{(s'-2)(s-3)}{3(s-2)}}\, t\right] \tag{2.12}$$

其中

$$\alpha(s',s) = 3\left(\frac{3}{4\pi}\right)^{\frac{(s'-2)(s-3)}{3(s-2)}} \left(\frac{1}{s-2}\right)^{\frac{2}{s-2}} \frac{\Gamma\left(\frac{s-3}{s-2}\right)}{\Gamma\left(\frac{s-1}{s-2}\right)}$$

式中，C_D 为 D 的浓度，$C_D = N_D/N$。当 W_0 大于或约等于 X_0 时，适用跳跃模型，激发后的能量在 D 之间随机行走，只有当运动到与 A 接近的 D 时才发生 D－A 传递。

当 t 足够大时，$f(t)$ 也以指数曲线为渐近线。对于 D－D 和 D－A 都是电多极相互作用引起的情况，渐近线为

$$F(x) = \exp\left[-\beta(s',s)\, X_0^{\frac{3}{s}}\, W_0^{\frac{s-3}{s}}\, C_A\, C_D^{\frac{s'(s-3)}{3s}}\, t\right] \tag{2.13}$$

其中

$$\beta(s',s) = \left(\frac{3}{s}\right)\left[\frac{6}{s'\Gamma\left(\frac{s'}{3}\right)}\right]^{\frac{(s-3)}{s}} \left[\frac{\Gamma\left(1-\frac{3}{s'}\right)}{2}\right]^{\frac{s'(s-3)}{3s}} \Gamma\left(\frac{3}{s}\right)\Gamma\left(1-\frac{3}{s}\right)$$

式(2.12)和式(2.13)都可以写为 $e^{1/kt}$ 的形式，由 k 和 C_D 的关系或 k 和 X_0 及 W_0 的关系，可以区别传递适合用哪种模型描述。图 2.7 描述了在 D、A 共存的体系中，无 D－D 能量传递、快速 D－D 能量传递和介于两者之间的情况下（即静态能量传递模型、扩散模型和跳跃模型），D 的时间衰减曲线。

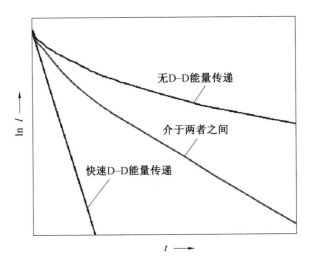

图 2.7　无 D－D 能量传递、快速 D－D 能量传递和介于
　　　两者之间的情况下(即静态能量传递模型、扩
　　　散模型和跳跃模型),D 的时间衰减曲线

本章参考文献

[1] 李建宇.稀土发光材料及其应用[M]. 北京: 化学工业出版社,2003.

[2] 聂兆刚.镨在六角碱土铝酸盐中的量子剪裁和真空紫外光谱 [D].北京:中国科学院研究生院,2007.

[3] 洪广言.稀土发光材料:基础与应用[M]. 北京:科学出版社,2011.

[4] 张希艳,卢利平,柏朝晖,等.稀土发光材料[M].北京:国防工业出版社,2005.

[5] GAUGLITZ　G,　DAVID　S　M.　Handbook　of　spectroscopy[M].Weinheim：Wiley-Vch, 2014.

[6] BLASSE G. Luminescent materials:is there still news? [J]. Journal of Alloys and Compounds, 1995, 225(1/2)：529-533.

[7] 苏锵. 稀土化学[M].郑州:河南科学技术出版社,1993.

[8] JØRGENSEN　C　K,　REISFELD　R.　Chemistry　and　spectroscopy　of　rare earths[M]//Topics　in　Current　Chemistry.　Berlin,　Heidelberg：Springer　Berlin Heidelberg, 2008：127-167.

[9] SUCHOCKI　A,　BIERNACKI　S　W,　GRINBERG　M.Nephelauxetic　effect　in

high-pressure luminescence of transition-metal ion dopants[J]. Journal of Luminescence, 2007, 125(1/2): 266-270.

[10] LUMB M D. Luminescence spectroscopy[M]. New York: Academic Press, 1978

[11] 孙家跃, 杜海燕, 胡文祥. 固体发光材料[M]. 北京: 化学工业出版社, 2003.

[12] 魏荣妃. 白光 LED 用稀土／过渡金属离子掺杂玻璃的能量传递与发光机理研究[D]. 金华: 浙江师范大学, 2013.

[13] RAJENDRAN V, CHANG H, LIU R S. Recent progress on broadband near-infrared phosphors-converted light emitting diodes for future miniature spectrometers[J]. Optical Materials: X, 2019, 1: 100011.

[14] FÖRSTER T. Experimentelle und theoretische Untersuchung des zwischenmolekularen Übergangs von Elektronenanregungsenergie[J]. Zeitschrift Für Naturforschung A, 1949, 4(5): 321-327.

[15] DEXTER D L. A theory of sensitized luminescence in solids[J]. The Journal of Chemical Physics, 1953, 21(5): 836-850.

[16] SHIONOYA S, WILLIAM M Y, HAJIME Y, et al. Phosphor handbook[M]. Boca Raton: CRC press, 2018.

[17] MIYAKAWA T, DEXTER D L. Phonon sidebands, multiphonon relaxation of excited states, and phonon-assisted energy transfer between ions in solids[J]. Physical Review B, 1970, 1(7): 2961-2969.

[18] YEN W M, PETER M S. Laser spectroscopy of solids[M]. Berlin: Springer Science & Business Media, 2013.

[19] XIA S D, TANNER P A. Theory of one-phonon-assisted energy transfer between rare-earth ions in crystals[J]. Physical Review B, 2002, 66(21): 214305.

[20] 黄世华. 离子中心的发光动力学[M]. 北京: 科学出版社, 2002.

[21] YOKOTA M, TANIMOTO O. Effects of diffusion on energy transfer by resonance[J]. Journal of the Physical Society of Japan, 1967, 22(3): 779-784.

[22] STAVOLA M, DEXTER D L. Energy transfer and two-center optical transitions involving rare-earth and OH⁻ impurities in condensed matter[J]. Physical Review B, 1979, 20(5): 1867-1885.

[23] INOKUTI M, HIRAYAMA F. Influence of energy transfer by the exchange mechanism on donor luminescence[J].The Journal of Chemical Physics, 1965, 43(6): 1978-1989.

[24] YOKOTA M, TANIMOTO O. Effects of diffusion on energy transfer by resonance[J]. Journal of the Physical Society of Japan, 1967, 22(3): 779-784.

第3章　材料的制备及表征

3.1　石榴石结构简介

石榴石一词源于拉丁语中的"Garantus",寓意为如石榴籽一般鲜艳且有光泽,其分子式为$\{A\}_3[B]_2(C)_3O_{12}$。大部分的石榴石都具有体心立方结构,属于空间群 Ia3d,也有少部分石榴石被报道为非体心立方的 I43d、I-43m 等空间群。一般情况下,石榴石结构也可以根据占据四面体 C 格位的阳离子划分为铝酸盐石榴石、钒酸盐石榴石、锗酸盐石榴石、镓酸盐石榴石、硅酸盐石榴石等。

在石榴石氧化物结构中,一个晶胞包含 8 个 $\{A\}_3[B]_2(C)_3O_{12}$ 结构单元,其中 A、B、C 分别占据具有对称性的 24c、16a、24d 格位位点,O 占据 96h 阴离子格位位点,其晶胞参数随 A、B、C 格位掺杂的阳离子而变化。因此,A 格位与 8 个氧原子配位形成对称的十二面体点对称结构,B 格位与 6 个氧原子配位形成八面体点对称结构,C 格位与 4 个氧原子配位形成四面体点对称结构。一般情况下,晶体中 8 个氧原子可以形成立方结构,但是在石榴石结构中 8 个氧原子形成了十二面体结构,这也意味着 A 格位对应的十二面体具有不同的 A—O 键长。其中,十二面体结构与其他十二面体结构、八面体结构和四面体结构存在共边的情况,而八面体和四面体之间是相互隔离且不直接接触的。这也就导致 A 格位所处的十二面体结构与晶胞内其他结构关联较多,石榴石的性能更多地受 A 格位所占据的阳离子影响。石榴石晶体不同离子半径的离子在占据不同格位时存在不同的位置偏好,其中离子半径较大的离子更倾向于占据十二面体或八面体的位置,而离子半径最小的阳离子倾向于占据四面体的格位。阳离子占据不同格位和其自身的离子半径及电荷数有着极大的关系。

石榴石结构的研究最早起源于 1928 年。1967 年,Blasse 和 Bril 报道了掺 Ce^{3+} 的 YAG 材料,将其应用于阴极射线管(CRTs)上,并发现在紫外和蓝光激发下,可以观察到很亮的黄光发射。该荧光粉有两个重要特征:一个是寿命很短;另一个是对蓝光区域的吸收很强。1990 年开始,YAG:Ce 和 Lu AG:Ce 开始作为快速高效的闪烁体材料,并随着蓝光 LED 的研制成功,YAG:Ce 荧光粉成为蓝光 LED 用荧光粉首选材料,于 1997 年成功实现商业化,并于 2014 年获得诺贝尔物理学奖项。到目前,YAG:Ce 仍然是应用最为广泛的荧光材料,也是最经典的石榴石结构的发光材料。

石榴石结构荧光粉中,A 格位可以被 Y^{3+}、Lu^{3+}、Gd^{3+}、Tb^{3+}、La^{3+} 和 Ca^{2+} 等离子占据,B 格位可以被 Al^{3+}、Ga^{3+}、Sc^{3+}、Sb^{3+}、In^{3+}、Mg^{2+} 和 Mn^{2+} 等离子占据,C 格位可以被 Ga^{3+}、Al^{3+}、Si^{3+}、Ge^{3+} 和 Mn^{3+} 等离子占据,这些离子的组合可以开发出发光性能不同的荧光粉,如图 3.1 所示。本书中研究的 $Ca_2LuZr_2Al_3O_{12}$(CLZA)的石榴石材料就是由 $Lu_3Al_5O_{12}$ 中两个 Ca^{2+} – Zr^{4+} 替换两个 Lu^{3+} – Al^{3+} 得到的。

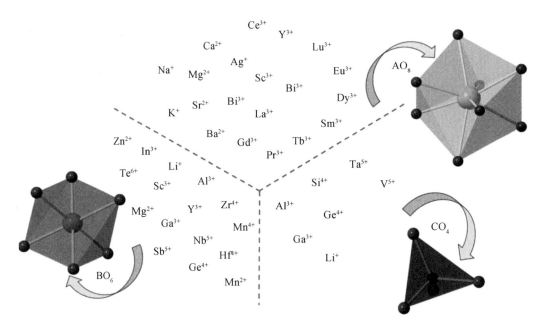

图 3.1　A、B、C 格位分别对应的十二面体、八面体、四面体结构以及其可以占据的阳离子

3.2　材料的制备

3.2.1　发光材料的制备简介

本书中涉及的荧光粉材料均采用高温固相法合成。高温固相法是合成材料中发展最早的也是目前最成熟的合成技术之一。所有目前仍在使用的商业发光粉几乎都是用这种方法制备的。通过对原料的选择、配比的调控、反应条件的控制、助熔剂和还原剂的选取等方面的优化,可以适用于不同的无机荧光材料的合成制备。在高温固相法中,形成发光中心的关键在于高温烧结导致的原子扩散。随着温度的升高,不同原料之间发生化学反

应或者互相扩散形成固溶体,到达一定温度后,形成稳定的晶相,同时激活剂离子也扩散进入晶格的间隙或者格位点上。随后,经过一定的时间晶体长大并形成最终产物。在高温扩散的反应中,反应原料之间的接触面积及其表面积是影响固体反应速度的主要因素之一。因此,为了增加反应物的表面积,并且使产物组成均匀,所以在反应前应将原料进行充分研磨与混合。另外,为了控制高温下样品的氧化问题,在合成材料时一般会采用氢气或者碳粉这类具有还原性质的气体或物质对样品进行保护。在本书的制备过程中均采用体积分数为 10% H_2/N_2 混合气作为保护气氛。

除了高温固相法外,随着技术的进步以及对不同材料的需求的增加,需要更多形式的制备方法。为了克服高温固相法制备粉体的工艺存在的一些缺点,例如高温下带来的高能耗、样品的团聚以及杂质的混入等,无机荧光材料也采用液相法合成,例如,湿化学法、溶剂热法、微乳液法、共沉淀法等。与高温固相法相比,液相法制备材料具有合成样品均匀且一致性好的优点,并且可以用于制备纳米颗粒。

3.2.2 材料的制备方法

本书中采用传统的高温固相法合成了 Cr^{3+}、Nd^{3+}、Yb^{3+} 共掺杂的 $Ca_2LuZr_2Al_3O_{12}$(CLZA)荧光粉。所用原料(表 3.1)为碳酸钙($CaCO_3$, 99.99%)、氧化镥(Lu_2O_3, 99.9%)、氧化锆(ZrO_2, 99.99%)、氧化铝(Al_2O_3, 99.9%)、氧化铬(Cr_2O_3, 99.99%)、氧化钕(Nd_2O_3, 99.9%)、氧化镱(Yb_2O_3, 99.9%)。将原料按照化学计量比准确称量后放入玛瑙研钵中研磨混合 20 min,将混合物转移到氧化铝坩埚中,然后放入水平管式炉进行烧结,采用的升温速率为 3 ℃/min。首先将温度升高到 900 ℃ 并保持 1 h,然后升高到 1 600 ℃ 保持 4 h。在整个烧结过程中使用 10% H_2/N_2 气体保护样品。烧结完成后自然冷却到室温,洗涤烘干得到最终的绿色粉末产品。

表 3.1 实验中使用的主要化学试剂

试剂名称	纯度(质量分数)/%	产地
$CaCO_3$	99.99	天津市塘沽邓中化工厂
Lu_2O_3	99.9	内蒙古包头瑞科稀土有限公司
ZrO_2	99.99	国药集团化学试剂有限公司
Al_2O_3	99.9	内蒙古包头瑞科稀土有限公司

续表3.1

试剂名称	纯度(质量分数)/%	产地
Cr_2O_3	99.99	上海试剂一厂
Nd_2O_3	99.9	上海试剂一厂
Yb_2O_3	99.9	庄信万丰化工有限公司

3.3　材料的表征及测试设备

3.3.1　晶体结构与粉末 X 射线衍射

粉末 X 射线衍射(XRD)一般用来测定晶体结构。由于晶体内原子的排列是长程有序的,对应的衍射峰的相对强度和相对位置都是一定的,所以每一个晶体都有属于自己的特征衍射峰数据,利用产生的衍射峰就可以判断样品的晶格类型、晶面参数等信息。稀土离子掺杂的荧光粉,由于多是对已知结构或者相近结构的基质材料进行离子掺杂,所以还需要做结构精修的操作,即要考虑引入新的离子所造成的晶格畸变的影响。本书中的晶体结构数据是由 Bruker D8 Focus diffract meter 测量的,测量时数据采集的 2θ 角度范围为 $15°\sim75°$。其中使用 Cu 靶为辐射源,辐射线 $K\alpha$ 为 $\lambda=1.540\,56\,\text{Å}$,运行电压、电流分别为 40 kV 和 30 mA。结构精修采用 Full Prof 软件进行处理。

3.3.2　晶粒形貌和尺寸表征

扫描电子显微镜(SEM)不同于光学显微镜,其原理是利用直径几纳米的电子束轰击样品上的某个点,在这个点的作用区域范围内,便会出现电子的弹性和非弹性散射。进而产生二次电子、背散电子和 X 射线等可以被探测器接收和测量的信号,就可以还原出样品上该点的形貌。本书中样品的形貌和尺寸,采用日本日立公司的 S - 4800 场发射扫描电子显微镜(FE - SEM)来测量,样品分散在 Si 片上。

3.3.3　稳态激发、发射光谱、漫反射光谱

样品的激发和发射特性是光致发光材料最为重要的属性。目前,样品的激发和发射光谱基本通过同一个光谱仪直接测试获得。激发光谱(PLE)的工作原理就是固定监测

某一特定波长的发射,扫描激发范围内的波长,得到不同激发波长下该发射波长强度的变化。激发光谱主要反映样品中激活离子的激发能级的情况。发射光谱(PL)的工作原理就是固定某一特定波长的激发光源,扫描发射范围内不同波长下的发光强度。我们对于不同颜色荧光粉的选择,就是通过发射光谱进行判断的。漫反射光谱(DR)是表征样品吸收率的重要手段,其测试原理是使用测试光源照射样品之后,除了直接发生镜面反射的一部分光外,大部分光会进入样品内部,其中又有一部分被样品吸收,而不被吸收的部分光则通过透射、折射、反射等回到样品表面,再向各个方向发射出来,在测试仪器内部被探测器接收,所以对于样品是一个漫反射的过程。而探测器收集到的一开始的镜面反射和后期的漫反射的光,也就是不被样品吸收的光。通常,作为光线收集容器的积分球内部会涂覆满高反射率的白色标准物。常用的标准参照物有硫酸钡、硫酸镁和氧化镁等,因为其在 200 ~ 3 000 nm 范围内的发射率接近 100% 的全发射。

本书实验中用到的光谱仪如下:日立 Hitachi F - 7000 型荧光光谱仪,激发光源为 150 W 氙灯;FLS900 光谱仪(爱丁堡仪器公司,英国),激发光源为 150 W 氙灯;HAAS2000 光电测量系统(350 ~ 1 100 nm,远方,中国),配备 455 nm 的激光作为光源。在同一体系测试时,均采用相同的实验条件,包括狭缝、电压等。测量 CLZA 体系样品时,激发发射光谱使用 FLS900 光谱仪以及 HAAS2000 光电测量系统,漫反射光谱使用 UV - 3600plus UV - VIS - NIR 光谱仪(岛津,日本)配备积分球测量。

3.3.4　荧光寿命

荧光寿命是指在停止激发光源后,样品的特定波长的发光强度随时间的变化曲线。测量样品的荧光寿命时使用 Sunlite EX OPO 系统 468 nm 激光作为光源(调谐范围:445 ~ 1 750 nm),并使用法国 JOBIN YVON 公司生产的 TRIAX 550 单色仪以及 TDS 3052 型号示波器。

3.3.5　温度特性及量子效率

温度特性及量子效率(quantum efficiency,QE)是衡量荧光粉材料性能是否满足商业化需求的重要指标。温度特性测试是反映样品在不同温度下工作时的发射光谱。其原理是固定激发光源的照射下,改变样品温度,监测其发射光谱的变化情况。温度依赖性光谱在直观上可以反映出样品的热稳定性,进一步计算,可以获得样品的猝灭激活能。本书利用 HAAS2000 光电测量系统(350 ~ 1 100 nm,远方,中国)测量了材料的温度依赖性,同时配备了 455 nm 的激光器以及 THMS600E 冷热平台(77 ~ 873 K,Linkam 科学仪器,英国)。

量子效率反映了样品对于激发光源的有效利用程度,对于现实应用十分重要。其工作原理是选用固定范围内的激发光源,首先放入全发射的参比样品,在整个激发和发射范围内扫描,获得激发光源的光谱作为参照,再放入样品,进行激发,再一次扫描获得样品的吸收和发射情况。量子效率又分为内量子效率(IQE)和外量子效率(EQE)。内量子效率被定义为发射光子的数量与吸收光子的数量之比。外量子效率被定义为内量子效率与吸收系数的乘积。量子效率采用绝对光致发光量子产率测量系统(Quantaurus - QY Plus C13534 - 12,Hamamatsu Photonics)进行测量。

3.3.6　热成像系统以及 LED 性能

热成像是通过非接触探测红外能量(热量),并将其转换为电信号,进而在显示器上生成热图像和温度值,并可以对温度值进行计算。热成像温度采用红外热成像系统(FLIR,ETS320)进行测量。配备 455 nm 的激光作为光源。pc - LEDs 的光电性能采用 HAAS2000 光电测量系统(350 ~ 1 100 nm,远方,中国)测量。pc - LEDs 的正向偏置电流为 20 ~ 240 mA。其中近红外光部分的光电转换效率定义为近红外发射(650 ~ 1 100 nm)输出功率与 LED 输入功率之比。

本书中的测试都是在室温下进行的。光谱均采用 Origin 7.0 分析,处理。

本章参考文献

[1] BLASSE G, BRIL A. A new phosphor for flying-spot cathode-ray tubes for color television: yellow-emitting $Y_3Al_5O_{12}$-Ce^{3+}[J]. Applied Physics Letters, 1967, 11(2):53-55.

[2] GEUSIC J E, MARCOS H M, VAN UITERT L G. Laser oscillations in Nd-doped yttrium aluminum, yttrium gallium and gadolinium garnets[J]. Applied Physics Letters, 1964, 4(10):182-184.

[3] YANAGIDA T, TAKAHASHI H, ITO T, et al. Evaluation of properties of YAG (Ce) ceramic scintillators[J]. IEEE Transactions on Nuclear Science, 2005, 52(5):1836-1841.

［4］ WU J L, GUNDIAH G, CHEETHAM A K. Structure-property correlations in Ce-doped garnet phosphors for use in solid state lighting[J]. Chemical Physics Letters, 2007, 441(4-6): 250-254.

［5］ NIKL M, YOSHIKAWA A, KAMADA K, et al. Development of LuAG-based scintillator crystals-a review[J]. Progress in Crystal Growth and Characterization of Materials, 2013, 59(2): 47-72.

［6］ XIA Z G, XU Z H, CHEN M Y, et al. Recent developments in the new inorganic solid-state LED phosphors[J]. Dalton Transactions, 2016, 45(28): 11214-11232.

［7］ LI G G, TIAN Y, ZHAO Y, et al. Recent progress in luminescence tuning of Ce^{3+} and Eu^{2+}-activated phosphors for pc-WLEDs[J]. Chemical Society Reviews, 2015, 44(23): 8688-8713.

［8］ YE S, XIAO F, PAN Y X, et al. Phosphors in phosphor-converted white light-emitting diodes: recent advances in materials, techniques and properties[J]. Materials Science and Engineering: R: Reports, 2010, 71(1): 1-34.

［9］ NAKATSUKA A, YOSHIASA A, YAMANAKA T. Cation distribution and crystal chemistry of $Y_3Al_{5-x}Ga_xO_{12}$ ($0 \leqslant x \leqslant 5$) garnet solid solutions[J]. Acta Crystallographica Section B, Structural Science, 1999, 55(3): 266-272.

［10］ MENZER G. XX. Die kristallstruktur der granate[J]. Zeitschrift Für Kristallographie-Crystalline Materials, 1929, 69(1-6): 300-396.

［11］ 徐叙瑢, 苏勉曾. 发光学与发光材料[M]. 北京: 化学工业出版社, 2004.

第4章 Cr^{3+},Nd^{3+} 共掺宽带近红外荧光粉发光性质的研究

4.1 概 述

近红外光谱技术从最初被应用于农业中测量谷物中的水分开始,很快就被用于多种农产品和食品的检测。近红外光源作为近红外光谱的重要组成部分,在生物传感、食品分析、医疗等领域对连续宽带发射的小型近红外光源有着迫切的需求。目前,荧光转换型 LED(pc - LED)相比于传统光源具有高效率、高寿命、低功耗、体积小等特点,使用蓝色 LED 芯片结合的宽带近红外荧光粉来实现宽带近红外光源极具吸引力。因此,开发出与蓝光 LED 芯片匹配良好的高效宽带近红外荧光粉十分重要。

近年来,欧司朗公司首先展示了近红外荧光粉在便携式检测应用方面的前景,使用手机可以方便地分析食品成分。许多研究都集中在设计近红外 pc - LED,特别是 Cr^{3+} 掺杂的近红外发光器件。例如:$Ca_2LuZr_2Al_3O_{12}$(CLZA):Cr、La_2MgZrO_6:Cr、$ScBO_3$:Cr、$Lu_3Al_5O_{12}$:Ce, Cr、$X_3Sc_2Ga_3O_{12}$:Cr(X = Lu, Y, Gd)以及 $La_3Sc_2Ga_3O_{12}$:Cr 等。然而,这些近红外荧光粉的发射光谱都还不够宽,不能满足所需的应用。

因此,接下来为了得到更加宽的近红外发光材料,科研人员做了很多的探索。例如 Liu 等人开发了两个 Cr^{3+} 发射中心,得到了大 FWHM 为 330 nm 的超宽带近红外 $La_3Ga_5GeO_{14}$ 荧光体;Shao 等人利用 $YAl_3(BO_3)_4$:Cr,Yb 和 $NaScSi_2O_6$:Cr 荧光粉的混合物,制作了一个超宽带近红外 pc - LED,发射光谱范围在 780 ~ 1 050 nm。能量传递是改善荧光材料发光性能的重要手段,因此,考虑通过能量传递的方式扩展光谱范围。经过调研发现,Cr^{3+} 和 Nd^{3+} 之间的能量传递有展宽光谱的功效。其中,Cr^{3+} 和 Nd^{3+} 共掺杂的 $LaMgAl_{11}O_{19}$:Cr, Nd 作为硅太阳能电池应用的光谱转换器,$Y_3(Al,Ga)_5O_{12}$:Ce,Cr,Nd 用于生物成像应用。因此,Cr^{3+} 和 Nd^{3+} 共掺杂是可以用来扩展光谱的。

在本研究中,验证了在 CLZA:Cr 中掺杂 Nd^{3+} 可以提高近红外荧光粉的性能。由于从 Cr^{3+} 到高效的 Nd^{3+} 发射中心的能量转移,光谱范围从 69.1% 提高到 74.6%。结果表明,在 Cr^{3+} 发光状态下,能量传递与热去激发之间的竞争和 Nd^{3+} 的热发射稳定性明显抑

制了发光热猝灭。最后,利用 CLZA:Cr,Nd NIR 荧光粉封装了 NIR pc - LEDs,实现了在 100 mA 驱动电流下,38.1 mW 的近红外输出功率。

4.2　$Ca_2LuZr_2Al_3O_{12}$:8%Cr 晶体结构及发光性能简介

$Ca_2LuZr_2Al_3O_{12}$(CLZA) 材料是一种典型的多元素组合石榴石结构材料,化学式符合 $A_3B_2C_3O_{12}$ 的配比。$Ca_2LuZr_2Al_3O_{12}$ 的晶体结构是由两个 Ca - Zr 离子对替换了 $Lu_3Al_5O_{12}$(LuAG) 的晶体结构中两个 Lu - Al 离子对演变出来的。因此演变后的 $Ca_2LuZr_2Al_3O_{12}$ 中,Ca 离子和 Lu 离子占据正十二面体的 A 格位,Zr 离子占据正八面体的 B 格位,Al 离子占据正四面体的 C 格位,并且由于 Ca - Zr 离子对半径大于 Lu - Al 离子对,其晶胞体积相应变大。而对于 Cr 离子,一般来讲占据正八面体,但在本材料中也可能占据正十二面体结构,其具体的格位占据情况还有待进一步考究。CLZA 样品的 XRD 衍射峰与精修数据及其晶体结构示意图如图 4.1 所示。

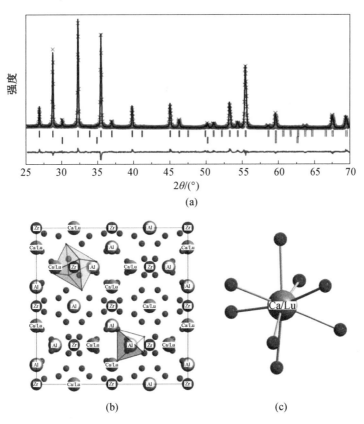

图 4.1　CLZA 样品的 XRD 衍射峰与精修数据及其晶体结构示意图

在 CLZA:8%Cr 样品的激发光谱中,Cr^{3+} 呈现出从紫外到红光的宽带吸收,如图4.2 所示。其激发带可以分为三个部分:200 ~ 350 nm、350 ~ 550 nm 和 550 ~ 750 nm。350 ~ 550 nm 的激发带为基态能级 $^4A_{2g}$ 到激发态能级 $^4T_{1g}$ 的跃迁,而 550 ~ 750 nm 的激发带为基态能级 $^4A_{2g}$ 到激发态能级 $^4T_{2g}$ 的跃迁。在激发光谱中 692 nm(R 线)附近有一个尖锐的肩峰,是基态能级 $^4A_{2g}$ 到第一激发态能级 ^2E_g 的跃迁。在发射光谱中,Cr^{3+} 在 CLZA 中表现出 650 ~ 850 nm 的宽带发射,且这个发射带为 Cr^{3+} 激发态能级 $^4T_{2g}$ 到基态能级 $^4A_{2g}$ 的跃迁。值得注意的是,在 692 nm 发射峰附近有一个隆起,这是第一激发态能级 ^2E_g 到基态能级 $^4A_{2g}$ 的跃迁。

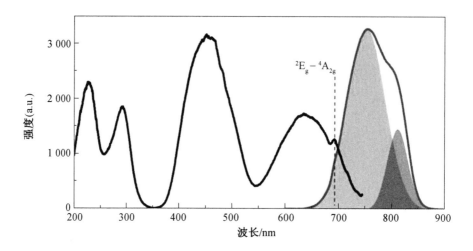

图 4.2　CLZA:8%Cr 样品的激发和发射光谱

4.3　晶体结构

样品 CLZA:8%Cr,xNd($x = 0 ~ 0.08$)的 XRD 衍射谱图及衍射峰如图4.3(a)所示,与之前文献报道的结果一致。可以看到 Nd^{3+} 共掺杂后的 XRD 衍射峰并没有明显的偏移,这是由于 Lu^{3+}(0.977 Å)与 Nd^{3+}(0.98 Å)的半径相差很小。因此,认为 Nd^{3+} 可以很容易掺杂取代 CLZA 晶格中的 Lu^{3+},而不会导致结构上的改变。虽然在衍射角为 30° 附近观察到了微量的未反应的 ZrO_2 存在于样品中,但少量的杂质相对能量转移的影响是可忽略的,该部分内容将在下一章中详细讨论。根据报道,CLZA 结构由 $Lu_3Al_5O_{12}$(LuAG)石榴石演化而来,同样属于石榴石结构体系。在晶体结构中 $Lu^{3+} - Al^{3+}$ 被更大半径的 $Ca^{2+} - Zr^{4+}$ 取代,因此与 LuAG 的晶格相比,CLZA 的晶格发生膨胀。这就使得 Cr^{3+} 可以在 CLZA

荧光粉中显示宽带的近红外发射。Ca^{2+}/Lu^{3+}、Zr^{4+}、Al^{3+} 构成的 CLZA 晶体结构及配位环境示意图如图 4.3(b) 所示。

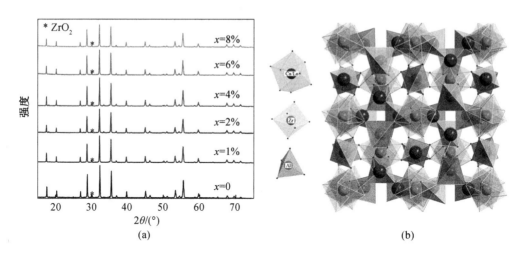

图 4.3　样品 CLZA：8%Cr, xNd（x = 0 ~ 0.08）的 XRD 衍射谱图以及其晶体结构

4.4　发光性能

样品 CLZA：4%Nd、CLZA：8%Cr 和 CLZA：8%Cr,4%Nd 的光致发光发射光谱（PL）和光致发光激发光谱（PLE）如图 4.4 所示。监测 800 nm 处可以得到 CLZA：8%Cr 的激发光谱中包含在 200 ~ 750 nm 范围内的三个宽带峰和一个线峰。在 300 nm 的带状峰来自于 Cr^{3+} ⁴P 轨道的 $^4A_{2g}$ 能级向 $^4T_{1g}$ 能级的跃迁,而处于 460 nm 的带状峰来自于 Cr^{3+} ⁴F 轨道的 $^4A_{2g}$ 能级向 $^4T_{1g}$ 能级的跃迁。640 nm 的带状峰以及处于 692 nm 的线状峰分别来自于 Cr^{3+} 的 $^4A_{2g}$ 能级向 $^4T_{2g}$ 能级的跃迁和 $^4A_{2g}$ 能级向 ^2E_g 能级的跃迁。CLZA：8%Cr 样品在 455 nm 的蓝光激发下,可以看到一个 600 ~ 1 100 nm 的宽带近红外发射,发射峰位于 780 nm,该发射来自于 Cr^{3+} 的 $^4T_{2g}$ 能级向 $^4A_{2g}$ 能级的跃迁。Cr^{3+} 的宽带发射正好可以覆盖 CLZA：4%Nd 中 Nd^{3+} 由 $^4I_{g/2}$ 能级向 $^4F_{7/2}/^4S_{3/2}$ 能级跃迁产生的 750 nm 和由 $^4I_{g/2}$ 能级向 $^4F_{5/2}/^2H_{g/2}$ 能级跃迁产生的 798 nm 的这两个激发峰。也就是说,在共掺杂样品中 Cr^{3+} 向 Nd^{3+} 的能量传递是可以实现的。因此检测了样品 CLZA：8%Cr,4%Nd 的激发光谱与发射光谱,在发射光谱中使用455 nm 的蓝光激发除了 Cr^{3+} 的宽带近红外发射,可以明显观察到在900 nm、1 060 nm 以及 1 350 nm 处来自于 Nd^{3+} 的发射峰。这三个发射峰分别来自于 Nd^{3+} 的 $^4F_{3/2}$ 能级向 $^4I_{9/2}$ 能级、$^4I_{11/2}$ 能级以及 $^4I_{13/2}$ 能级的跃迁。同时在共掺杂 Cr^{3+} 和

Nd^{3+} 的样品中分别检测位于 1 060 nm 的 Nd^{3+} 的发射以及位于 780 nm 的 Cr^{3+} 的发射,可以得到基本一致的发射光谱。这就说明在共掺杂 Cr^{3+} 和 Nd^{3+} 的样品中发生了 Cr^{3+} 向 Nd^{3+} 的能量传递。也就是说,在 CLZA:8%Cr 样品中共掺杂 Nd^{3+} 可以有效扩展近红外部分的光谱。

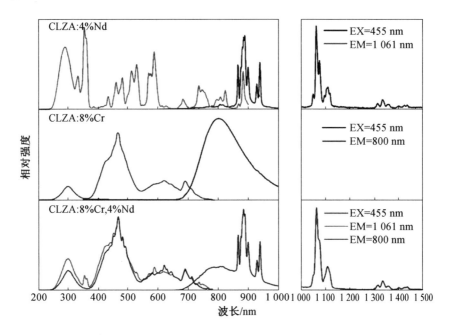

图 4.4　　样品 CLZA:4%Nd、CLZA:8%Cr 和 CLZA:8%Cr, 4%Nd 的激发

与发射光谱(彩图见附录)

EX— 激发波长;EM— 发射波长

图 4.5(a) 展示了样品 CLZA:8%Cr, xNd (x = 0 ~ 0.10) 在 455 nm 激光激发下的发射光谱。可以看到在单掺 Cr^{3+} 的样品的发射光谱中只有一个峰值位于 800 nm 的宽带发射。共掺杂 Nd^{3+} 后的样品的发射光谱中出现了 Nd^{3+} 的线状发射峰并且随着 Nd^{3+} 掺杂浓度的增加,Nd^{3+} 的线状发射逐渐增强,Cr^{3+} 的发射峰逐渐减弱,这是由于在共掺杂样品中 Cr^{3+} 向 Nd^{3+} 的能量传递。在 Nd^{3+} 的掺杂浓度为6% 时,共掺样品中 Nd^{3+} 的发光强度达到最大值,并在这之后由于 Nd^{3+} 过量掺杂带来的浓度猝灭而开始下降。值得注意的是,在 Nd^{3+} 的掺杂浓度为1% 时,样品的发射光谱所具有的发光强度是最大的,这与图 4.5(b) 中内量子效率的测量结果是一致的。共掺杂1% 的 Nd^{3+} 使得样品的内量子效率由原来的 69.1% 提升到了 74.6%。随着 Nd^{3+} 掺杂浓度的进一步升高,共掺杂样品的内量子效率开始下降并且低于只有 Cr^{3+} 掺杂的样品。

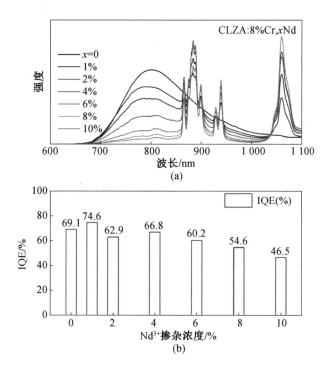

图 4.5　(a) 样品 CLZA：8%Cr, xNd (x = 0 ~ 0.10) 在 455 nm 激光激发

下的发射光谱。(b) 在 460 nm 氙灯激发下样品内量子效率随

Nd³⁺ 掺杂浓度的变化(彩图见附录)

为了更加明确共掺杂样品的发光强度的变化,测量了样品中 Cr³⁺ 和 Nd³⁺ 的荧光寿命,如图 4.6 所示。共掺杂样品中 Nd³⁺ 的掺杂浓度低于 6% 时,Nd³⁺ 的荧光寿命基本保持不变。并且掺杂浓度为 1% 时 Nd³⁺ 的荧光寿命为 263.7 μs,这与 Nd³⁺ 的本征荧光寿命是接近的。为了证明这一点,测量了在 77 K 下的 CLZA：1% Nd 中 Nd³⁺ 的荧光寿命,其结果展示在图 4.7 中。这说明与 Cr³⁺ 相比,Nd³⁺ 是一个更加高效的发射中心。因此,1%Nd³⁺ 共掺杂样品的内量子效率的增强是因为光子从 Cr³⁺ 传递到了发射效率更高的 Nd³⁺。但是更高的 Nd³⁺ 的掺杂导致了 Nd³⁺ 发射的浓度猝灭,使得发光效率开始急速下降,这是由于 Nd³⁺ 具有复杂的能级结构。无论如何,在共掺杂样品中,Cr³⁺ 向 Nd³⁺ 的能量传递不仅可以扩展光谱,而且可以有效增强样品的内量子效率。

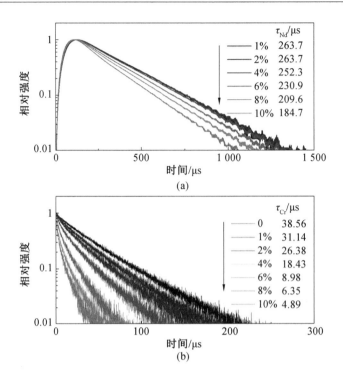

图 4.6　在 460 nm 脉冲激光激发下样品 CLZA：8%Cr，xNd 中（a）Nd^{3+} 的荧光寿命曲线以及（b）Cr^{3+} 的荧光寿命曲线

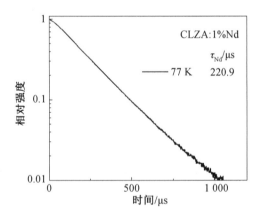

图 4.7　在 77 K 低温下使用 460 nm 激发样品
CLZA：1%Nd 中 Nd^{3+} 的荧光寿命曲线

4.5　能量传递的研究

从图 4.6(b) 中 Cr^{3+} 的荧光寿命可以看到,随着 Nd^{3+} 的掺杂浓度的升高,Cr^{3+} 的荧光寿命从 38.56 μs 降低到了 4.89 μs。这也是共掺杂样品中 Cr^{3+} 与 Nd^{3+} 之间发生能量传递的证据之一。图 4.8 展示了 Cr^{3+} 的发光强度、Nd^{3+} 的发光强度、由发光强度计算的能量传递效率(η_{ET})、由寿命变化计算的能量传递效率(η'_{ET})以及两种传递效率的平均值随 Nd^{3+} 的掺杂浓度的变化。其中两种计算能量传递效率的公式展示如下:

$$\eta_{ET} = 1 - \frac{I_{Cr}}{I_{Cr_0}} \tag{4.1}$$

$$\eta'_{ET} = 1 - \frac{\tau_{Cr}}{\tau_{Cr_0}} \tag{4.2}$$

式中,I_{Cr_0} 和 I_{Cr} 表示不掺杂 Nd^{3+} 与掺杂 Nd^{3+} 的样品中 Cr^{3+} 的发光强度;τ_{Cr_0} 和 τ_{Cr} 表示不掺杂 Nd^{3+} 与掺杂 Nd^{3+} 的样品中 Cr^{3+} 的荧光寿命。可以看到的是两种计算能量传递效率的方式计算得到的曲线趋势是一致的,仅在数值大小上有微小的区别,这是测试过程中导致的误差引起的。为了简化分析过程,使用两者的平均值进行下面的计算:

$$\bar{\eta}_{ET} = \frac{\eta_{ET} + \eta'_{ET}}{2} \tag{4.3}$$

此外,可以得到如下公式来计算共掺杂样品中的 Nd^{3+} 与 Cr^{3+} 的发光强度:

$$I_{Nd} = \eta_{ET} \cdot \eta_{Nd} \tag{4.4}$$

$$I_{Cr} = (1 - \eta_{ET}) \cdot \eta_{Cr_0} \tag{4.5}$$

根据能量传递的动力学分析过程可以得到如下关系式:

$$\frac{I_{Nd}}{I_{Cr}} = \frac{\bar{\eta}_{ET} \cdot \eta_{Nd}}{(1 - \bar{\eta}_{ET}) \cdot \eta_{Cr_0}} \tag{4.6}$$

式中,I_{Cr} 与 I_{Nd} 分别代表了不同 Nd^{3+} 掺杂浓度的样品中 Cr^{3+} 与 Nd^{3+} 的发光强度;η_{Cr_0} 是 Cr^{3+} 所具有的量子效率,在本书中掺杂 Nd^{3+} 并不影响 Cr^{3+} 的量子效率,所以 η_{Cr_0} 是一个常数;η_{Nd} 表示 Nd^{3+} 的量子效率,它随掺杂浓度的变化而变化,可以由如下公式计算得到:

$$\eta_{Nd} = \frac{\tau_{Nd}}{\tau_{Nd_r}} \tag{4.7}$$

式中,τ_{Nd} 与 τ_{Nd_r} 分别表示不同浓度下 Nd^{3+} 所具有的荧光寿命。通过式(4.6)就可以得到

$\bar{\eta}_{ET}/(1 - \bar{\eta}_{ET})$ 与 I_{Nd}/I_{Cr} 之间的关系,如图4.6(b)所示,可以看到两者之间是一个线性关系。进一步将得到的 $\bar{\eta}_{ET}/(1 - \bar{\eta}_{ET})$ 与 Nd^{3+} 掺杂浓度 x 的关系以对数坐标的形式展示在图4.8(c)中,可以看到在 Nd^{3+} 掺杂浓度低于 4% 时,两者之间呈斜率为 1 的线性分布;当 Nd^{3+} 掺杂浓度升高后,两者之间呈现斜率为 2 的线性分布。

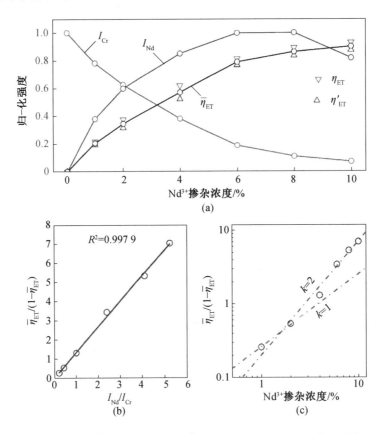

图 4.8　(a)Cr^{3+} 的发光强度、Nd^{3+} 的发光强度、两种能量传递效率的

计算值及平均值随 Nd^{3+} 掺杂浓度的变化曲线。(b)$\bar{\eta}_{ET}/(1 -$

$\bar{\eta}_{ET})$ 和 Cr^{3+} 与 Nd^{3+} 发光强度的比例(I_{Nd}/I_{Cr})的关系。(c)

$\bar{\eta}_{ET}/(1 - \bar{\eta}_{ET})$ 随掺杂浓度变化的双对数坐标

根据 Dexter 所描述的有关能量传递的叙述中,$\bar{\eta}_{ET}/(1 - \bar{\eta}_{ET})$ 描述了 Cr^{3+} 的能量传递概率与热退辐射概率的平均比率。在 Nd^{3+} 掺杂浓度较低时,$\bar{\eta}_{ET}/(1 - \bar{\eta}_{ET})$ 与掺杂浓度 x 是线性关系;Nd^{3+} 掺杂浓度较高时,$\bar{\eta}_{ET}/(1 - \bar{\eta}_{ET})$ 随掺杂浓度 x 呈二次方变化。

Dexter 有关多级相互作用的能量传递的表达式为

$$\frac{I_{Cr_0}}{I_{Cr}} \propto C^{\frac{n}{3}} \tag{4.8}$$

式中,C 表示 Nd^{3+} 掺杂浓度,并且 $n = 6,8,10$ 分别代表了偶极－偶极相互作用、偶极－四极相互作用,以及四极－四极相互作用。在这里需要注意的是,在上一部分有关 $\overline{\eta_{ET}}/(1-\overline{\eta_{ET}})$ 与掺杂浓度 x 的关系中得到,只有在高浓度掺杂下才会出现二次方关系。因此,在本书中只考虑 $x = 4\%,6\%,8\%,10\%$ 的情况。根据式(4.8)计算的 I_{Cr_0}/I_{Cr} 与 $C^{6/3}$、$C^{8/3}$、$C^{10/3}$ 的关系的结果展示在了图 4.9 中。当 $n = 6$ 时,可以看到 I_{Cr_0}/I_{Cr} 与 $C^{6/3}$ 所得到的线性关系是最好的,这就说明在共掺杂样品中 Cr^{3+} 向 Nd^{3+} 的能量传递过程是通过偶极－偶极相互作用来实现的。同时可以观察到,只有 Nd^{3+} 的掺杂浓度大于 4% 时才能够得到较好的线性关系。这与之前介绍的 Dexter 关于能量传递的表达式是一致的。

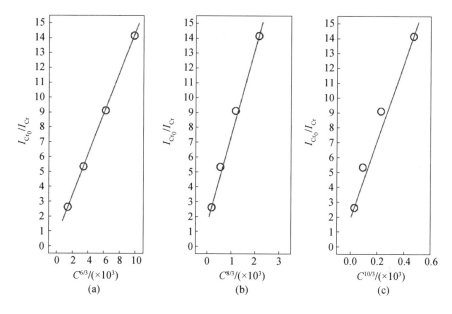

图 4.9 Cr^{3+} 的强度比 I_{Cr_0}/I_{Cr} 随 $C^{6/3}$、$C^{8/3}$、$C^{10/3}$ 变化的曲线

除了上述方法外,Cr^{3+} 向 Nd^{3+} 的能量传递过程还可以通过 Cr^{3+} 荧光寿命的衰减来表达,也就是 Inokuti－Hirayama 表达式:

$$I = I_0 \exp\left[-\frac{4}{3}\pi\Gamma\left(1 - \frac{3}{s}\right)N_a \alpha^{\frac{3}{s}} t^{\frac{3}{s}}\right] \tag{4.9}$$

式中,I 是掺杂 Nd^{3+} 的样品中 Cr^{3+} 的荧光寿命曲线;I_0 是不掺杂 Nd^{3+} 的样品中 Cr^{3+} 的荧光寿命曲线;S 是一个系数,分别为 $6、8、10$,同样它们分别代表偶极－偶极相互作用、偶极－四极相互作用,以及四极－四极相互作用;N_a 表示单位晶胞体积内 Nd^{3+} 的个数。由此可

以推导出 $\log\{-\ln[I(t)/I_0(t)]\}$ 与 $\log t$ 的关系是以 $3/s$ 为斜率的线性关系,如图 4.10 所示。因此,在 $1\% \sim 2\%\mathrm{Nd}^{3+}$ 共掺杂样品中,从 Cr^{3+} 到 Nd^{3+} 的电极相互作用类型也是偶极 − 偶极相互作用。由此可以说明,在共掺杂样品中 Cr^{3+} 向 Nd^{3+} 的能量传递是十分有效的。其中由于 Nd^{3+} 的发射效率高于 Cr^{3+},因此样品的整体发光效率得以提升。当 Nd^{3+} 的掺杂浓度大于 1% 以后,$\bar{\eta}_{\mathrm{ET}}/(1-\bar{\eta}_{\mathrm{ET}})$ 随浓度以二次方的关系增长,这就加速了 $\mathrm{Nd}^{3+}-\mathrm{Nd}^{3+}$ 对离子之间的弛豫,引起了共掺杂样品发光效率的下降。

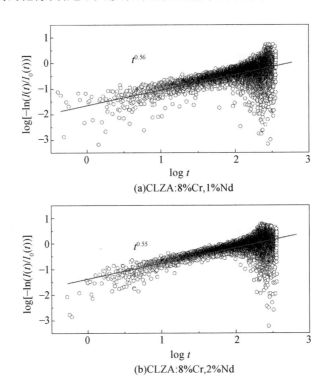

(a)CLZA:8%Cr,1%Nd

(b)CLZA:8%Cr,2%Nd

图 4.10　样品 CLZA：8%Cr, 1%Nd 以及样品 CLZA：8%Cr, 2%Nd 中 $\log[-\ln(I(t)/I_0(t))]$ 随 $\log t$ 变化的曲线

4.6　温度特性

图 4.11（a）～（c）以及图 4.12 展示了 $x = 0, 1\%$ 和 8% 时样品在不同温度下测得的发射光谱。可以看出,虽然 Nd^{3+} 的发射来自于被 Cr^{3+} 的能量转移所激发形成,但 Nd^{3+} 的热稳定性远远高于 Cr^{3+}。这是由 Cr^{3+} 发射态的能量传递和热去激发之间的竞争引起的。Cr^{3+} 与 Nd^{3+} 之间的有效快速的能量传递速率可以有效抑制 Cr^{3+} 发射态的热去激发,并且更加高效发射的 Nd^{3+} 可以提高共掺杂样品的整体的热稳定性。CLZA:8%Cr, xNd （ $x = 0 \sim 0.10$ ）在 455 nm 激发下的总发光强度随温度的变化如图 4.11（d）所示。可以看到,随着 Nd^{3+} 掺杂浓度的增加,样品的发光强度随温度的变化明显减弱,也就是说随着 Nd^{3+} 的掺杂,样品具有更高的热稳定性。显然,掺杂 Nd^{3+} 可以有效抑制样品的热猝灭。

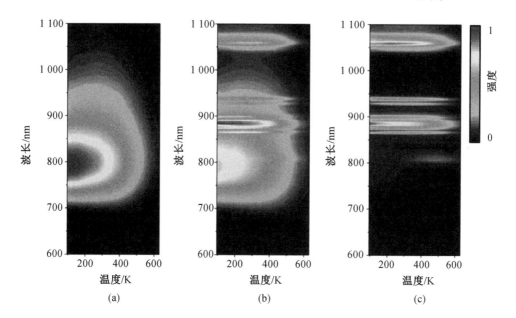

图 4.11　不同浓度的掺杂样品 $x = 0$（a）, 1%（b）以及 8%（c）随温度变化的发射光谱。（d）所有
　　　　样品的发光强度随温度的变化曲线（彩图见附录）

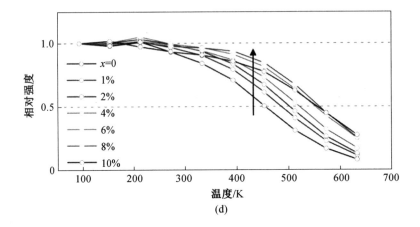

(d)

续图 4.11

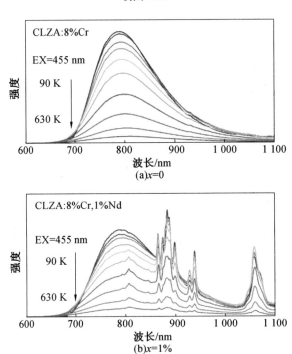

(a)x=0

(b)x=1%

图 4.12　不同浓度的掺杂样品 x = 0, 1% 以及 8% 随温
度变化的发射光谱

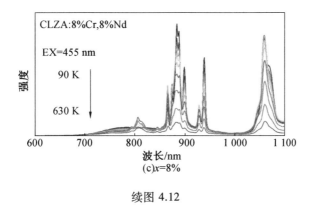

(c)x=8%

续图 4.12

4.7　用于 pc - LED 的研究

图 4.13(a)展示了使用 1%Nd 掺杂的样品与 460 nm 的蓝光芯片封装制备了近红外 NIR pc - LED。可以看到该 LED 在 900 nm 以及 1 060 nm 的光谱部分得到了扩展。随着驱动电流从 20 mA 增加到 240 mA,各发射带的强度均有所增加,但发射谱无明显变化。在 800 nm 的位置观察到了两个凹陷的吸收峰,这是由 Nd^{3+} 在 800 nm 的吸收导致的。样品 CLZA:1%Nd 的漫反射曲线及激发光谱以及样品 CLZA:8%Cr, 1%Nd 的发射光谱展示在图 4.14 中。在图 4.13(a)插图中提供了由普通相机和近红外相机拍摄的发光的 LED 的照片,在普通相机下光源只有来自芯片的蓝色光。从图 4.13(b)中可以看到输出功率和

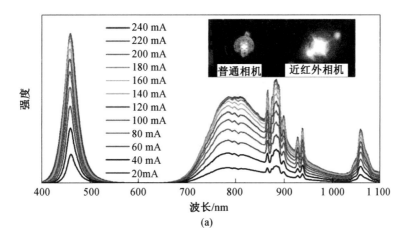

(a)

图 4.13　(a)不同电流下 pc - LED 的发射光谱以及在普通相机和近红外相机
　　　　　下拍摄的光源照片。(b)pc - LED 近红外光输出功率和光电转换效
　　　　　率随驱动电流的变化曲线(彩图见附录)

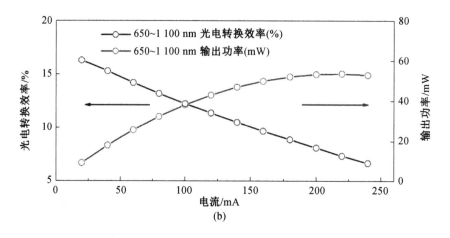

(b)

续图 4.13

光电转换效率随驱动电流的变化曲线。在 20 mA 驱动电流下,近红外光谱部分的输出功率为 9.1 mW,光电转换效率可达 16.3%;在驱动电流为 100 mA 时,输出功率为38.1 mW,光电转换效率达到 12.3%。进一步增加驱动电流到 240 mA,可以使输出功率达到 52.9 mW。在这之后,由于芯片的效率开始下降,封装后的 LED 的整体性能不再明显提升。

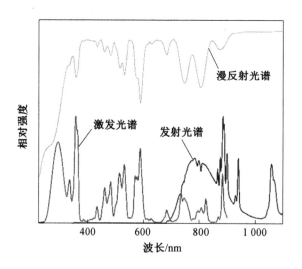

图 4.14　样品 CLZA:1%Nd 的漫反射曲线及激发光谱
以及样品 CLZA:8%Cr, 1%Nd 的发射光谱

4.8　本章小结

本章成功研制了适用于蓝色 LED 激发的高效的超宽带近红外石榴石荧光粉 $Ca_2LuZr_2Al_3O_{12}$:Cr,Nd(CLZA:Cr,Nd)。宽带的近红外发射来自过渡金属 Cr^{3+} 以及三价稀土 Nd^{3+} 的发射,相比于三价稀土离子 f-f 跃迁,Cr 的 d-d 跃迁发射效率相对较低。因此,共掺 Nd 等发射效率较高的三价稀土发光中心不仅实现了近红外光谱的展宽,同时使得材料的整体发光性能得到了提升。通过对其动力学原理的分析结果表明,Cr^{3+} 向 Nd^{3+} 的能量传递属于偶极-偶极相互作用,并且符合Dexter的能量传递机制,传递效率较高。由于发射中心 Nd^{3+} 具有更高的发射效率,从而比 Cr^{3+} 贡献了更多的光子,因此内量子效率(IQE)达到了74.2%。同时,由于能量传递抑制了热猝灭,共掺杂样品的发光热稳定性也明显提高。使用共掺杂荧光粉制备的 pc-LED 在 240 mA 输入电流驱动下可以产生 52.9 mW 的近红外功率输出。这项工作的结果表明,CLZA:Cr,Nd 石榴石荧光粉在超宽带近红外 pc-LED 的应用方面具有巨大潜力。

本章参考文献

[1] DAVIES A M C, GRANT A.Review: near infra-red analysis of food[J]. International Journal of Food Science & Technology, 1987, 22(3): 191-207.

[2] MEHINAGIC E, ROYER G, SYMONEAUX R, et al. Prediction of the sensory quality of apples by physical measurements[J]. Postharvest Biology and Technology, 2004, 34(3): 257-269.

[3] BIRTH G S, DULL G G, RENFROE W T, et al. Nondestructive spectrophotometric determination of dry matter in onions[J]. Journal of the American Society for Horticultural Science, 1985, 110(2): 297-303.

[4] BOERIU C G, STOLLE-SMITS T, VAN DIJK C.Characterisation of cell wall pectins by near infrared spectroscopy[J]. Journal of Near Infrared Spectroscopy, 1998, 6(A): A299-A301.

[5] ZENG B B, HUANG Z Q, SINGH A, et al. Hybrid graphene metasurfaces for high-speed mid-infrared light modulation and single-pixel imaging[J]. Light: Science

& Applications, 2018, 7(1): 51.

[6] EGGEBRECHT A T, FERRADAL S L, ROBICHAUX-VIEHOEVER A, et al. Mapping distributed brain function and networks with diffuse optical tomography[J]. Nature Photonics, 2014, 8(6): 448-454.

[7] HAYASHI D, VAN DONGEN A M, BOEREKAMP J, et al. A broadband LED source in visible to short-wave-infrared wavelengths for spectral tumor diagnostics[J]. Applied Physics Letters, 2017, 110(23): 233701.

[8] HERSCHEL W. Experiments on the refrangibility of the invisible rays of the Sun[J]. Philosophical Transactions of the Royal Society of London, 1800, 90: 284-292.

[9] WILLIAMS P, NORRIS K. Near-infrared technology in the agricultural and food industries[M]. Boston: American Association of Cereal Chemists, Inc., 1987.

[10] FUCHI S, TAKEDA Y. Wideband near-infrared phosphor by stacking Sm^{3+} doped glass underneath Yb^{3+}, Nd^{3+} co-doped glass[J]. Physica Status Solidi C, 2011, 8(9): 2653-2656.

[11] PULLI T, DÖNSBERG T, POIKONEN T, et al. Advantages of white LED lamps and new detector technology in photometry[J]. Light: Science & Applications, 2015, 4(9): e332.

[12] RAJENDRAN V, FANG M H, GUZMAN G N, et al. Super broadband near-infrared phosphors with high radiant flux as future light sources for spectroscopy applications[J]. ACS Energy Letters, 2018, 3(11): 2679-2684.

[13] SHAO Q Y, DING H, YAO L Q, et al. Photoluminescence properties of a $ScBO_3$: Cr^{3+} phosphor and its applications for broadband near-infrared LEDs[J]. RSC advances, 2018, 8(22): 12035-12042.

[14] ZHANG L L, ZHANG S, HAO Z D, et al. A high efficiency broad-band near-infrared $Ca_2LuZr_2Al_3O_{12}$: Cr^{3+} garnet phosphor for blue LED chips[J]. Journal of Materials Chemistry C, 2018, 6(18): 4967-4976.

[15] RAJENDRAN V, CHANG H, LIU R S. Recent progress on broadband near-infrared phosphors-converted light emitting diodes for future miniature spectrometers[J]. Optical Materials: X, 2019, 1: 100011.

[16] LI Y, LI Y Y, CHEN R C, et al. Tailoring of the trap distribution and crystal field in Cr^{3+}-doped non-gallate phosphors with near-infrared long-persistence phosphorescence[J]. NPG Asia Materials, 2015, 7(5): e180.

[17] SHAO Q Y, DING H, YAO L Q, et al. Broadband near-infrared light source derived from Cr^{3+}-doped phosphors and a blue LED chip[J]. Optics Letters, 2018, 43(21): 5251-5254.

[18] ZHANG L L, WANG D D, HAO Z D, et al. Cr^{3+}-doped broadband NIR garnet phosphor with enhanced luminescence and its application in NIR spectroscopy[J]. Advanced Optical Materials, 2019, 7(12): 1900185.

[19] JOVANIĆ B R, VIANA B. High pressure and energy transfer in $LaMgAl_{11}O_{19}$: Cr^{3+}, Nd^{3+}[J]. Journal of Alloys and Compounds, 2003, 358(1/2): 325-329.

[20] DAI Z, BOIKO V, MARKOWSKA M, et al. Optical studies of $Y_3(Al, Ga)_5O_{12}$: Ce^{3+}, Cr^{3+}, Nd^{3+} nano-phosphors obtained by the Pechini method[J]. Journal of Rare Earths, 2019, 37(11): 1132-1136.

[21] ZORENKO Y, GORBENKO V. Growth peculiarities of the $R_3Al_5O_{12}$(R = Lu, Yb, Tb, Eu − Y) single crystalline film phosphors by liquid phase epitaxy[J]. Radiation Measurements, 2007, 42(4/5): 907-910.

[22] LIU T C, ZHANG G G, QIAO X B, et al. Near-infrared quantum cutting platform in thermally stable phosphate phosphors for solar cells[J]. Inorganic chemistry, 2013, 52(13): 7352-7357.

[23] SIVAKUMAR S, VAN VEGGEL F C J M, MAY P S. Near-infrared (NIR) to red and green up-conversion emission from silica sol-gel thin films made with $La_{0.45}Yb_{0.50}Er_{0.05}F_3$ nanoparticles, hetero-looping-enhanced energy transfer (Hetero-LEET): a new up-conversion process[J]. Journal of the American Chemical Society, 2007, 129(3): 620-625.

[24] LIN C C, LIU R S, TANG Y S, et al. Full-color and thermally stable $KSrPO_4$: Ln (Ln =Eu, Tb, Sm) phosphors for white-light-emitting diodes[J]. Journal of the Electrochemical Society, 2008, 155(9): J248-J251.

[25] RANJAN S K, SONI A K, RAI V K. Nd^{3+}-Yb^{3+}/Nd^{3+}-Yb^{3+}-Li^+ co-doped Gd_2O_3

phosphors for up and down conversion luminescence[J]. Luminescence, 2018, 33(4): 647-653.

[26] KAMINSKII A A, BOULON G, BUONCRISTIANI M, et al. Spectroscopy of a new laser garnet $Lu_3Sc_2Ga_3O_{12}$: Nd^{3+}. Intensity luminescence characteristics, stimulated emission, and full set of squared reduced-matrix elements $| < \parallel U(t) \parallel > |^2$ for Nd^{3+} ions[J]. Physica Status Solidi (a), 1994, 141(2): 471-494.

[27] BALDA R, FERNÁNDEZ J, MENDIOROZ A, et al. Temperature-dependent concentration quenching of Nd^{3+} fluorescence in fluoride glasses[J]. Journal of Physics: Condensed Matter, 1994, 6(4): 913-924.

[28] DONG J, RAPAPORT A, BASS M, et al. Temperature-dependent stimulated emission cross section and concentration quenching in highly doped Nd^{3+}: YAG crystals[J]. Physica Status Solid (a), 2005, 202(13): 2565-2573.

[29] PAULOSE P I, JOSE G, THOMAS V, et al. Sensitized fluorescence of Ce^{3+}/Mn^{2+} system in phosphate glass[J]. Journal of Physics and Chemistry of Solids, 2003, 64(5): 841-846.

[30] INOKUTI M, HIRAYAMA F. Influence of energy transfer by the exchange mechanism on donor luminescence[J]. The journal of chemical physics, 1965, 43(6): 1978-1989.

[31] SONG Y H, JI E K, JEONG B W, et al. High power laser-driven ceramic phosphor plate for outstanding efficient white light conversion in application of automotive lighting[J]. ScientificReports, 2016, 6: 31206.

[32] BLASSE G. Energy transfer inoxidic phosphors[J]. Physics Letters A, 1968, 28(6): 444-445.

[33] DEXTER D L, SCHULMAN J H. Theory of concentration quenching in inorganic phosphors[J]. The Journal of Chemical Physics, 1954, 22(6): 1063-1070.

[34] DEXTER D L. A theory of sensitized luminescence in solids[J]. The Journal of Chemical Physics, 1953, 21(5): 836-850.

[35] INOKUTI M, HIRAYAMA F. Influence of energy transfer by the exchange mechanism on donor luminescence[J]. The journal of chemical physics, 1965,

43(6): 1978-1989.

[36] ZHANG L L, ZHANG J H, PAN G H, et al. Low-concentration Eu^{2+}-doped $SrAlSi_4N_7$: Ce^{3+} yellow phosphor for wLEDs with improved color-rendering index[J]. Inorganic Chemistry, 2016, 55(19): 9736-9741.

[37] XIAO Y, HAO Z D, ZHANG L L, et al. An efficient green phosphor of Ce^{3+} and Tb^{3+}-codoped $Ba_2Lu_5B_5O_{17}$ and a model for elucidating the high thermal stability of the green emission[J]. Journal of Materials Chemistry C, 2018, 6(22): 5984-5991.

[38] HE S, ZHANG L L, WU H, et al. Efficient super broadband NIR $Ca_2LuZr_2Al_3O_{12}$: Cr^{3+}, Yb^{3+} garnet phosphor for pc-LED light source toward NIR spectroscopy applications[J]. Advanced Optical Materials, 2020, 8(6): 1901684.

第5章 Cr^{3+},Yb^{3+} 共掺宽带近红外荧光粉发光性质的研究

5.1 概 述

第4章中掺杂 Nd^{3+} 到 CLZA：Cr 荧光粉中不仅实现了近红外光谱的展宽，同时使得材料的整体发光性能得到了提升。说明通过共掺杂近红外发射的稀土离子是可以实现谱带的展宽的。Nd^{3+} 的能级结构复杂，导致 Nd^{3+} 的发射效率并不是很高，上一章中表现出的量子效率的提升并不明显，在本章中考虑使用能级结构简单、发射效率更高的 Yb^{3+} 作为受主离子。

事实上，Cr^{3+} 和 Yb^{3+} 共掺杂的近红外荧光粉常被作为硅太阳能电池的光谱转换器而被广泛研究。在这类型的研究中，由于 Yb^{3+} 在 1 000 nm 左右的发射中心可以很好地匹配硅太阳能电池的光谱响应，因此，共掺杂的荧光粉要求可以实现 Cr^{3+} 向 Yb^{3+} 的高效能量传递来实现可见光向近红外光谱部分的转化。例如：$YAl_3(BO_3)_4$：Cr，Yb 荧光粉、Ca_2MgWO_6：Cr，Yb 荧光粉以及 Cr^{3+}／Yb^{3+} 共掺杂的氟硅酸锌玻璃。这些 Cr^{3+}／Yb^{3+} 共掺杂的荧光粉提示我们可以通过调整 Yb^{3+} 的掺杂浓度来实现一个在近红外光谱部分的超宽带发射。也就是说，适当控制 Cr^{3+} 向 Yb^{3+} 的能量传递效率可使得 Cr^{3+} 与 Yb^{3+} 的发光接近一个强度。

在本书中，掺杂 Yb^{3+} 到 CLZA：Cr 荧光粉实现了一个高效的超宽带近红外发射。该共掺杂的石榴石荧光粉具有 320 nm 的半高宽和高达 77.2% 的内量子效率。同时观察到随着 Yb^{3+} 掺杂浓度的增加，荧光粉的热稳定性有所提高。基于能量传递对荧光粉的高发光性能进行了分析。该荧光粉封装的 pc‐LED 实现了 100 mA 驱动电流下输出功率为 41.8 mW，说明其在近红外 pc‐LED 光源的应用方面具有较大的潜力。最后，使用封装的近红外 pc‐LED 光源测量了纯水和生肉组织中水的近红外透射光谱。

5.2　晶体结构

CLZA：8%Cr,xYb（x = 0 ~ 0.18）的衍射图谱及衍射峰如图 5.1 所示。样品 CLZA：8%Cr,4%Yb 的 XRD 结构精修数据如图 5.2、表 5.1 所示,原子参数见表 5.2。由于 Lu^{3+}（0.977 Å）的离子半径与 Yb^{3+}（0.985 Å）的离子半径非常接近,因此认为 Yb^{3+} 主要占据 Lu^{3+} 的格位。当然 Yb^{3+} 也可能会占据 Zr^{4+} 的格位,但是随着 Yb^{3+} 掺杂浓度的增加,XRD 衍射峰的位置并没有明显的偏移,认为 Yb^{3+} 占据 Zr^{4+} 的格位的可能较小或者少量占据。为了排除 Yb^{3+} 掺杂进入杂质相 ZrO_2 中造成发光的影响,制备了 ZrO_2:Yb 与 ZrO_2:Cr 两种荧光粉。它们的光谱在室温下测量并且展示在了图 5.3、图 5.4 中。可以看到 Yb^{3+} 在 ZrO_2:1%Yb 中的发光强度远远低于 Yb^{3+} 在 CLZA:1%Yb 中的发光强度,并且 Cr^{3+} 在 ZrO_2:Cr 中的发光并没有被探测到。由此可以肯定 Cr^{3+} 是较难取代 ZrO_2 中的 Zr^{4+} 的格位的。图 5.4 中检测到的位于 500 nm 左右的发光则是来自于基质材料 ZrO_2,其激发光的峰值位于 300 nm 附近。也就是说,ZrO_2 作为发光体并不能被 455 nm 的蓝光所激发,同时可见光部分的发射也不会影响主体材料的近红外发射。因此,少量的杂质相对发光性能的影响是可以忽略的。但是,样品中微量未反应的 ZrO_2 可能会降低样品的发光性能,在今后制备过程中需要注意避免杂相 ZrO_2 的剩余。

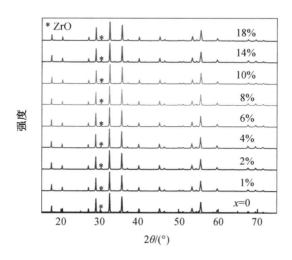

图 5.1　样品 CLZA：8%Cr, xYb（x = 0 ~ 0.18）的
　　　　XRD 衍射图

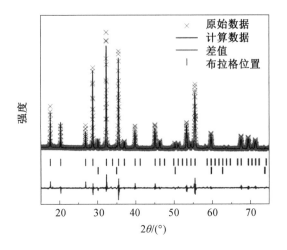

图 5.2　样品 CLZA：8%Cr，4%Yb 的 XRD 结构精修

数据（彩图见附录）

表 5.1　样品 CLZA：8%Cr，4%Yb 的 XRD 结构精修数据

相：　1　　CLZA：8%Cr，4%Yb	
空间群：Ia$\bar{3}$d	晶格结构：立方体
$a = b = c$：12.399 27	体积：1 906.285（0.112）　　　Fract（%）：97.18（1.16）
R_p：6.64	R_{wp}：8.48　　　R_{exp}：4.32　　　Chi2：3.86

表 5.2　样品 CLZA：8%Cr，4%Yb 的原子参数

原子	x	y	z	B	occ	Mult
CA1	0.250 00	0.125 00	0.000 00	1.000	0.167	24
Lu1	0.250 00	0.125 00	0.000 00	1.000	0.080	24
Zr1	0.000 00	0.000 00	0.000 00	1.000	0.142	16
Al2	0.250 00	0.375 00	0.000 00	0.000	0.250	24
O1	0.034 13	0.055 09	0.656 08	0.000	1.000	96
Yb1	0.250 00	0.125 00	0.000 00	1.000	0.003	24
Cr1	0.000 00	0.000 00	0.000 00	0.413	0.025	16

注：x、y、z 为原子坐标；B 为温度因子；occ 为对于某一位置上某一原子的占有率；Mult 为晶胞中的原子数。

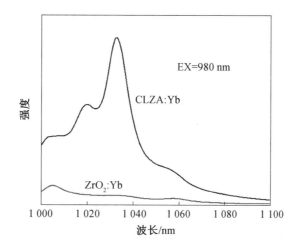

图 5.3　样品 CLZA：1%Yb 以及样品 ZrO₂：1%Yb 的发射光谱

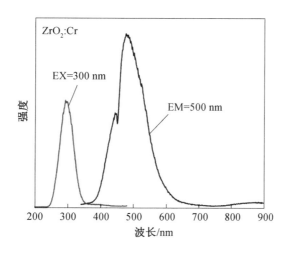

图 5.4　样品 ZrO₂：Cr 的激发和发射光谱

5.3　发光性能及温度特性

图 5.5(a) 显示了 CLZA：8%Cr, xYb（x = 0 ~ 0.18）样品在 455 nm 激发下的发射光谱。可以看到,单掺杂 Cr^{3+} 的样品展示了一个在 780 nm 处的发射带,带宽为 150 nm,覆盖了 730 ~ 880 nm 的光谱范围。该发射来自于 Cr^{3+} 的 $^4T_{2g}$ 能级向 $^4A_{2g}$ 能级的跃迁。在 Yb^{3+} 掺杂的样品中出现了额外的 900 ~ 1 100 nm 的近红外发射,该发射来自于 Yb^{3+} 的 $^2F_{5/2}$ 能级向 $^2F_{7/2}$ 能级的跃迁。可以清晰地看到,随着 Yb^{3+} 的掺杂,样品发射光谱的带宽由原来

的 730 ~ 880 nm 扩展到了 730 ~ 1 050 nm,实现了一个半高宽为 320 nm 的超宽带发射。同时,随着 Yb^{3+} 的掺杂浓度的升高,Yb^{3+} 的发光强度不断增强,而 Cr^{3+} 的发光强度不断减弱。这个现象是由于共掺杂样品中 Cr^{3+} 向 Yb^{3+} 的能量传递,因为在 455 nm 的蓝光激发下 Yb^{3+} 是不能被直接激发的。我们测量了在 455 nm 激发下样品的内量子效率,其中内量子效率被定义为发射光子的数量与吸收光子的数量之比。同时发现,Cr^{3+} 和 Yb^{3+} 的发射面积总和随着 x 的增加而增加,并在 $x = 4\%$ 时达到最大值。从图 5.5(b) 中的整体内量子效率可以看到,内量子效率由不掺杂 Yb^{3+} 时的 69.1% 增加到了掺杂 4%Yb^{3+} 时的 77.2%。当 Yb^{3+} 的掺杂浓度继续增加后,样品的内量子效率开始下降但是仍然大于不掺杂 Yb^{3+} 的样品的内量子效率。直到 Yb^{3+} 的掺杂浓度超过 10% 以后,样品的内量子效率才下降到初始值以下。

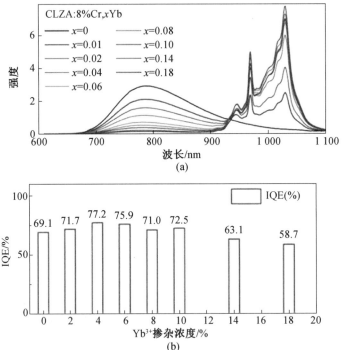

图 5.5　(a) 样品 CLZA:8%Cr, xYb (x = 0 ~ 0.18) 在 455 nm 激光激发下的发射光谱。(b) 在 460 nm 氙灯激发下样品内量子效率随 Yb^{3+} 掺杂浓度的变化。(c) 样品温度随 455 nm 激光辐照功率的变化曲线。(d) 在 7.72 W、455 nm 激光辐照下不同浓度样品的温度(彩图见附录)

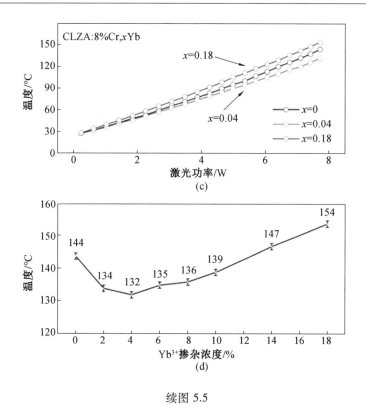

续图 5.5

这与第 4 章中提到的掺杂 Nd^{3+} 提升内量子效率的变化出现了不同。同样地,为了更加清晰地明确共掺杂样品内量子效率增加的原因,检测了不同掺杂浓度下 Yb^{3+} 的荧光寿命。可以看到在掺杂浓度为 1% 时,Yb^{3+} 的荧光寿命为 1 083 μs,这与文献报道的 Yb^{3+} 的本征辐射寿命是接近的。同时,考虑使用低温下 Yb^{3+} 的荧光寿命作为其辐射寿命,因此检测了 CLZA:1%Yb 中的 Yb^{3+} 在 77 K 温度下的荧光寿命,如图 5.6 所示。结果显示在低温下的 Yb^{3+} 的荧光寿命为 1 230 μs。由此可以使用 1% ~ 10%Yb^{3+} 掺杂的共掺杂样品的 Yb^{3+} 的荧光寿命除以 1 230 μs 来估算得到 Yb^{3+} 的发射效率。结果显示 Yb^{3+} 的掺杂浓度由 1% 到 10% 时,Yb^{3+} 的发射效率由 88% 降到了 83.5%。这也就是说,1% ~ 10%Yb^{3+} 掺杂的样品中 Yb^{3+} 的发射效率是远高于 Cr^{3+} 的发射效率(69.1%)的。而 Cr^{3+} 向 Yb^{3+} 的能量传递导致了 Yb^{3+} 的发射替代了原来的 Cr^{3+} 的发射,由此使得共掺杂样品的内量子效率得以升高。并且随着能量传递效率的增加,更多的 Yb^{3+} 的发射可以替代 Cr^{3+} 的发射。因此,可以通过提高 Yb^{3+} 掺杂浓度来进一步提升样品的内量子效率。但是需要注意的是,Yb^{3+} 的高浓度掺杂同样也会造成浓度猝灭使得内量子效率下降。因此,Yb^{3+} 的掺杂浓度一定会有一个最佳值。在本书中在 Yb^{3+} 的掺杂浓度 4% 时内量子效率达到最大值,为 77.2%。

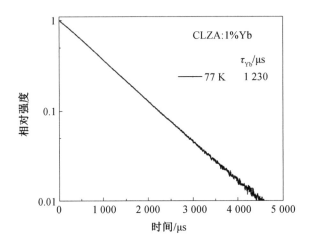

图 5.6　在 77 K 低温下使用 460 nm 激发样品 CLZA：

1%Yb 中 Yb³⁺ 的荧光寿命曲线

图 5.7 展示了样品的荧光寿命，可以看到，随着掺杂浓度的不断增加，荧光寿命不断变短。而荧光寿命的变短就意味着样品中的 Yb³⁺ 发生了浓度猝灭。

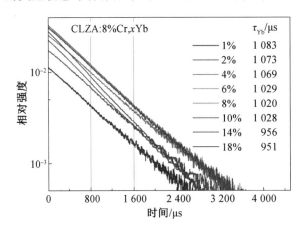

图 5.7　在 460 nm 脉冲激光激发下样品 CLZA：8%Cr，

xYb（x = 0.01 ~ 0.18）中 Yb³⁺ 的荧光寿命曲线

（彩图见附录）

图 5.5(c) 展示了在 455 nm 激光激发下测得的样品温度随激光功率的关系，随着激光功率的增加，样品的温度也升高，而不同样品的升温速率表现不同，这与前文叙述的样品的内量子效率是相关的。在 7.72 W 大功率激光激发下的热成像图像如图 5.8 所示。可以看到，在相同的激光功率激发下，内量子效率较高的样品的温度较低，这就意味着更高的内量子效率产生的热量更少，从而发射效率更高。虽然通过 Cr³⁺ 到 Yb³⁺ 的能量传递所产

生的热量等于其发射光子之间的能量差,但如果 Yb^{3+} 发射的量子效率比 Cr^{3+} 发射的量子效率足够高,那么产生的热量就可以得到补偿。如果 Cr^{3+} 的中心发射波长在 800 nm 左右,而 Yb^{3+} 的中心发射波长在 1 000 nm 左右,那么当 Yb^{3+} 与 Cr^{3+} 的量子发射效率之比大于 1 000/800,就可以说共掺杂样品的发射功率更高,并且产生的热量更少。本书所制备的 CLZA:Cr,Yb 材料,当 Yb^{3+} 的掺杂浓度 x 处于 1% ~ 10% 之间时,Yb^{3+} 与 Cr^{3+} 的量子效率比在 88/69.1 ~ 83.5/69.1 之间;这在室温下非常接近 1 000/800,这也意味着虽然是发射光子的数目增多了,但是光谱的发射功率并没有增强。在高温下,由于 Cr^{3+} 发射效率在高温下明显下降,而 Yb^{3+} 可以保持稳定,Yb^{3+} 与 Cr^{3+} 的量子效率比将大大增加并远大于 1 000/800。这种情况下,使用较高的激光功率激发共掺杂样品要比激发 Cr^{3+} 单掺杂样品产生更少的热量,如图 5.5(c) 所示。

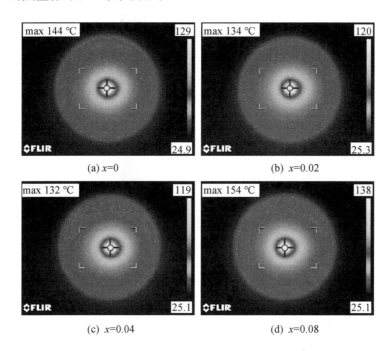

(a) $x=0$　　　　　　　　　　(b) $x=0.02$

(c) $x=0.04$　　　　　　　　　　(d) $x=0.08$

图 5.8　在 455 nm 激光激发下样品 CLZA: 8%Cr, xYb (x = 0 ~ 0.08)
　　　　的热成像照片(彩图见附录)

图 5.9(a) ~ (c) 展示了样品 CLZA:8%Cr、CLZA:8%Cr,1%Yb,以及 CLZA:8%Cr,18%Yb 在不同温度下的发射光谱。虽然 Yb^{3+} 的发射来自于 Cr^{3+} 的能量传递,但是可以看到的是 Yb^{3+} 的发射具有更高的热稳定性。这一特征同样可以被解释为 Cr^{3+} 的激发态中能量传递与热去激发之间的竞争。能量传递激发的 Yb^{3+} 主要由距离相近的 Cr^{3+} – Yb^{3+} 离子对贡献。当 Cr^{3+} 处于激发态时,这些离子对中 Cr^{3+} 的能量可以迅速跃迁到 Yb^{3+},而

不是通过热去激发回到基态。这在之前 Ce^{3+} 到 Tb^{3+} 的能量传递体系中已经做了详细的介绍。只要 Yb^{3+} 被激发,由于 Yb^{3+} 具有的简单能级结构,可得到较高的热稳定发射。图 5.9(d) 展示了样品 CLZA: 8%Cr, xYb (x = 0 ~ 0.18) 在 455 nm 激发下的温度特性曲线。显然,通过对发射光谱的积分,可以得到加入 Yb^{3+} 可有效抑制发光的热猝灭行为。此外,可以观察到在 100 ~ 400 K 温度范围内,共掺杂样品 CLZA:8%Cr,18%Yb 的整体归一化发光强度大于 1.0。将这一观察结果解释为由温度升高引起的光谱展宽导致了两个离子之间的光谱重叠增强,从而提高了 Cr^{3+} 与 Yb^{3+} 之间的能量传递效率。由此可以确定地说,共掺杂样品中 Cr^{3+} 与 Yb^{3+} 之间能量传递不仅可以增强样品的内量子效率,也可以提高样品的热稳定性。

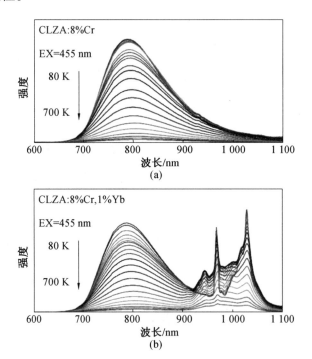

图 5.9　不同浓度的掺杂样品 x = 0,1% 以及 18% 随温
　　　　度变化的发射光谱和所有样品的发光强度随
　　　　温度的变化曲线

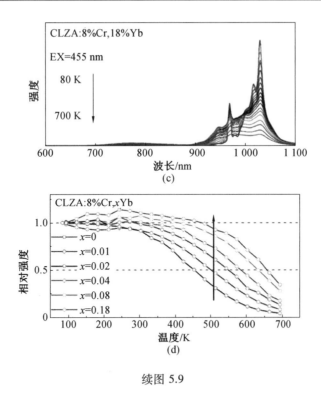

续图 5.9

5.4　能量传递的研究

图 5.10 展示了样品 CLZA:8%Cr 监测 800 nm 下的激发光谱,可以看到光谱中包含在 200 ~ 750 nm 范围内的三个宽带峰和一个线峰。在 300 nm 的带状峰来自于 Cr^{3+} 的 ^4P 轨道的 $^4A_{2g}$ 能级向 $^4T_{1g}$ 能级的跃迁,而处于 460 nm 的带状峰来自于 Cr^{3+} 的 ^4F 轨道的 $^4A_{2g}$ 能级向 $^4T_{1g}$ 能级的跃迁。640 nm 的带状峰以及处于 692 nm 的线状峰分别来自于 Cr^{3+} 的 $^4A_{2g}$ 能级向 $^4T_{2g}$ 能级的跃迁和 $^4A_{2g}$ 能级向 ^2E_g 能级的跃迁。并且可以看出,监测 8%Cr^{3+} 和 1%Yb^{3+} 共掺杂样品位于 1 032 nm Yb^{3+} 发射的光谱时与监测 8%Cr^{3+} 掺杂样品位于 800 nm 时 Cr^{3+} 发射时的激发光谱是基本一致的。同时,也可以看到样品 CLZA:8%Cr, xYb (x = 0 ~ 0.18)的漫反射光谱与 Cr^{3+} 的发射光谱有一个明显的重叠部分,如图 5.11 所示。这就表明共掺杂样品中 Cr^{3+} 向 Yb^{3+} 的能量传递是可以发生的,在图 5.10(b)中展示了 Cr^{3+} 向 Yb^{3+} 能量传递的示意图。

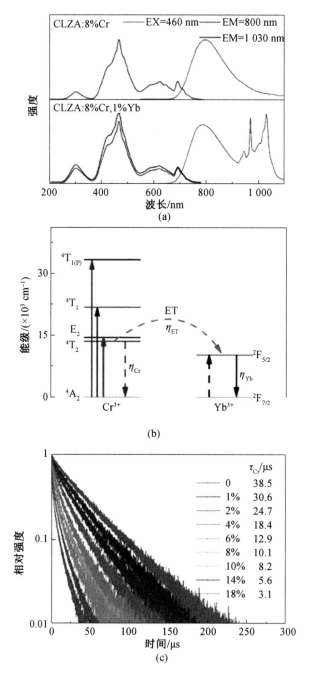

图 5.10　(a) 样品 CLZA：8%Cr 与样品 CLZA：8%Cr, xYb（x = 1%）的激发发射
光谱。(b) Cr^{3+} 向 Yb^{3+} 能量传递的能级示意图。(c) 在 460 nm 激发下样
品中 Cr^{3+} 的荧光寿命曲线。(d) Cr^{3+} 的发光强度、Yb^{3+} 的发光强度、两种
能量传递效率的计算值及平均值随 Yb^{3+} 掺杂浓度的变化曲线。(e)
$\bar{\eta}_{ET}/(1 - \bar{\eta}_{ET})$ 与 Cr^{3+} 与 Yb^{3+} 发光强度的比例（I_{Nd}/I_{Cr}）的关系。(f)
$\bar{\eta}_{ET}/(1 - \bar{\eta}_{ET})$ 随掺杂浓度变化的双对数坐标（彩图见附录）

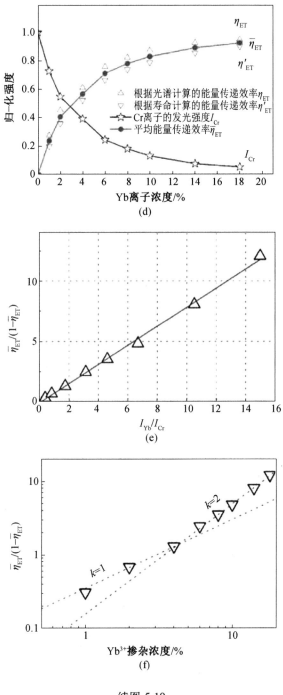

续图 5.10

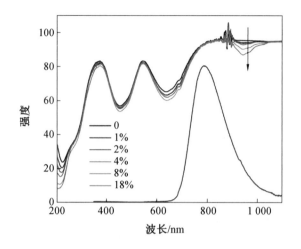

图 5.11　样品 CLZA：8%Cr, xYb（$x = 0 \sim 0.18$）的漫
反射曲线及样品 CLZA：8%Cr 的发射光谱（彩
图见附录）

在图 5.10（c）中展示了随 Yb^{3+} 掺杂浓度变化的 Cr^{3+} 的荧光寿命曲线。可以看到由于存在能量传递的作用，在 Yb^{3+} 掺杂浓度由 0 到 18% 增加的过程中，Cr^{3+} 的荧光寿命由 38.5 μs 降低到了 3.1 μs。Cr^{3+} 的荧光寿命随 Yb^{3+} 掺杂浓度 x 的变化曲线展示在图 5.10（c）中。能量传递效率是分析能量传递体系的一个重要指标之一。本书中使用 Cr^{3+} 的荧光寿命的衰减（式（5.1））与 Cr^{3+} 的发射光谱强度的衰减（式（5.2））分别计算了两种能量传递效率。得到的能量传递效率分别命名为 η_{ET} 和 η'_{ET}，并且通过式（5.1）、式（5.2）计算得到的能量传递效率随 Yb^{3+} 掺杂浓度 x 的变化曲线同样展示在图 5.10（c）中。

$$\eta_{ET} = 1 - \frac{I_{Cr}}{I_{Cr_0}} \tag{5.1}$$

$$\eta'_{ET} = 1 - \frac{\tau_{Cr}}{\tau_{Cr_0}} \tag{5.2}$$

式中，I_{Cr_0} 和 I_{Cr} 表示不掺杂 Yb^{3+} 与掺杂 Yb^{3+} 的样品中 Cr^{3+} 的发光强度；τ_{Cr_0} 和 τ_{Cr} 表示不掺杂 Yb^{3+} 与掺杂 Yb^{3+} 的样品中 Cr^{3+} 的荧光寿命。同第 4 章，得到的两组能量传递效率并不是完全一致的，考虑是由测试误差导致的。因此，同样采用平均能量传递效率 $\overline{\eta}_{ET}$ 来简化计算：

$$\overline{\eta}_{ET} = \frac{\eta_{ET} + \eta'_{ET}}{2} \tag{5.3}$$

如图 5.10(b) 所示, η_{Yb} 表示 $Yb^{3+2}F_{5/2}$ 能级的发射效率; 而 η_{Cr0} 表示 Cr^{3+} 的发射效率。因此, 可以得到如下公式来计算共掺杂样品中的 Yb^{3+} 与 Cr^{3+} 的发光强度:

$$I_{Yb} = \eta_{ET} \cdot \eta_{Yb} \tag{5.4}$$

$$I_{Cr} = (1 - \eta_{ET}) \cdot \eta_{Cr0} \tag{5.5}$$

通过式(5.4) 和式(5.5) 可以推导出:

$$\frac{I_{Yb}}{I_{Cr}} = \frac{\eta_{ET}}{1 - \eta_{ET}} \cdot \frac{\eta_{Yb}}{\eta_{Cr0}} \tag{5.6}$$

正如图 5.7 所示, Yb^{3+} 的寿命 τ_{Yb} 基本不变。因此, 把 η_{Yb} 当作常数来进行计算。η_{Cr0} 作为 Cr^{3+} 固有的发射效率是不变的, 那么, 基于以上能量传递的动力学分析, 就可以得到 $\overline{\eta}_{ET}/(1 - \overline{\eta}_{ET})$ 与 I_{Yb}/I_{Cr} 之间的关系, 如图 5.10(e) 所示。同时, 也可以得到 $\overline{\eta}_{ET}/(1 - \overline{\eta}_{ET})$ 与 Yb^{3+} 掺杂浓度 x 之间的关系, 如图 5.10(f) 所示。当掺杂浓度低时, $\overline{\eta}_{ET}/(1 - \overline{\eta}_{ET})$ 与 Yb^{3+} 掺杂浓度 x 所展现的图像斜率为 1; 当掺杂浓度高时, $\overline{\eta}_{ET}/(1 - \overline{\eta}_{ET})$ 与 Yb^{3+} 掺杂浓度 x 所展现的图像斜率为 2。

根据 Dexter 所描述的有关能量传递的叙述中, $\overline{\eta}_{ET}/(1 - \overline{\eta}_{ET})$ 描述了 Cr^{3+} 的能量传递概率与热退辐射概率的平均比率。在 Yb^{3+} 掺杂浓度较低时, $\overline{\eta}_{ET}/(1 - \overline{\eta}_{ET})$ 与掺杂浓度 x 是线性关系; 当 Yb^{3+} 掺杂浓度较高时, $\overline{\eta}_{ET}/(1 - \overline{\eta}_{ET})$ 随掺杂浓度 x 呈二次方变化。

5.5　用于 pc - LED 的研究

图 5.12(a) 所示的近红外 pc - LED 是使用 CLZA:8%Cr, 1%Yb 与 460 nm 的蓝光芯片封装得到的。首先将近红外荧光粉与环氧树脂按照 1∶1 的比例混合均匀, 再涂敷到蓝光芯片上, 最后再高温固化 20 min 即得到图示的近红外 pc - LED。由图 5.12(a) 可以看到该近红外 pc - LED 展示了一个具有 320 nm 超大半高宽的近红外光谱, 半高宽覆盖了 730 ~ 1 050 nm 的光谱范围。由图 5.12(b) 可知, 在 20 mA 电流驱动下, 该近红外 pc - LED 的光电转换效率可达 19.5%; 在 100 mA 电流驱动下, 该近红外 pc - LED 在近红外光谱部分(650 ~ 1 100 nm) 的输出功率为 41.8 mW, 光电转换效率为 14.3%。进一步地提升驱动电流到 100 mA, 可以得到 61.9 mW 的输出功率。此后, 由于蓝光芯片的效率开始下降, 因此整体器件的性能不再随驱动电流的增加而大幅度增加。虽然图 5.5(b) 展示的共掺杂样品的 IQE 较高, 但是得到的近红外 pc - LED 输出功率还是低于 Cr^{3+} 单掺杂的样

品。这可能是由于在 pc - LED 器件中,发射出来的光子必须完全通过荧光粉层,发射光子被 Yb^{3+} 再吸收并通过热辐射回到基态。需要注意的是,我们尝试使用红光 LED 芯片来降低斯托克斯(Stokes)能量损失,但是输出功率并不理想。这里有几个问题受到限制:一个是在漫反射光谱中可以看到 Cr^{3+} 的红光的吸收比蓝光弱(图 5.11);另一个是目前红光LED 芯片的转换效率比蓝光 LED 低。

使用近红外 pc - LED 为光源测量了纯水的透射光谱,如图 5.12(c)所示。显然,用NIR pc - LED测得的光谱与用分光光度计(UV - 3600 +,岛津)测得的光谱(蓝线)完全一致。可以明显地看到纯水在 970 nm 处有一个强的吸收带,在 750 nm 处有一个弱的吸收带。

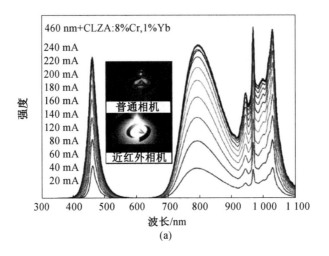

(a)

图 5.12　(a)不同电流下 pc - LED 的发射光谱以及在普通相机和
　　　　　近红外相机下拍摄的光源照片。(b)pc - LED 近红外光
　　　　　输出功率和光电转换效率随驱动电流的变化曲线。
　　　　　(c)使用NIR pc - LED 作为光源测得的水的吸收曲线以
　　　　　及使用分光光度计测得的水的吸收曲线

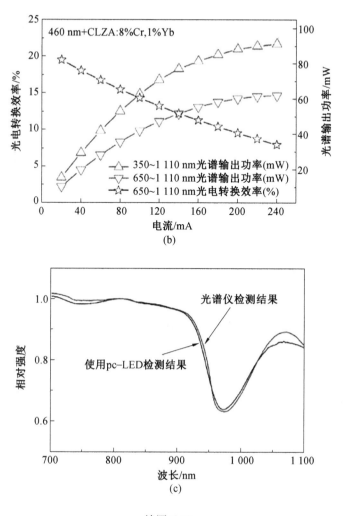

续图 5.12

　　使用上文所述的近红外 pc－LED 为光源测量了生猪肉组织的透射光谱,如图 5.13 所示,同时使用近红外相机拍照展示了光透过生猪肉组织的图片,在这些光谱中可以明显地观察到水的吸收峰,并且由于生肉组织中存在水分,可以看到光谱显示的水的吸收率随生猪肉组织的厚度的增加而增加。这些结果表明,将 CLZA：Cr, Yb 荧光粉应用于近红外 pc－LED 而作为一种紧凑的近红外生物传感器具有巨大的潜力。

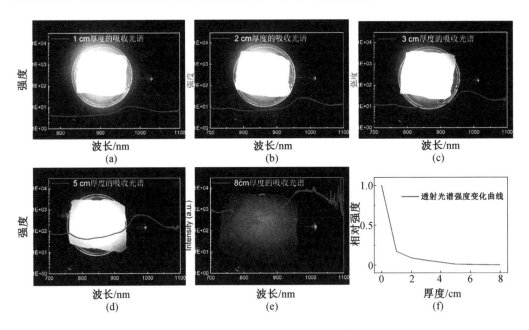

图 5.13　使用近红外相机拍摄的 NIR pc‑LED 的光透过不同厚度 1 cm（a），2 cm（b），3 cm（c），
　　　　　5 cm（d）和 8 cm（e）生猪肉组织的照片及透射光谱。（f）在 700 ~ 1 100 nm 范围内的透
　　　　　射光谱强度随肉片厚度的变化曲线（彩图见附录）

5.6　本章小结

本章成功研制了适用于蓝光 LED 激发的高效的超宽带近红外石榴石荧光粉
$Ca_2LuZr_2Al_3O_{12}$：Cr，Yb（CLZA：Cr，Yb）。由于 Cr^{3+} 和 Yb^{3+} 发射带的叠加，该荧光粉的半
高宽（FWHM）为 320 nm，覆盖了 730 ~ 1 050 nm 的光谱范围。Cr^{3+} 是直接由蓝光 LED 芯
片激发的，而 Yb^{3+} 的发射则来源于 Cr^{3+} 的能量传递。由于发射中心 Yb^{3+} 具有更高的发
射效率从而比 Cr^{3+} 贡献了更多的光子，因此内量子效率（IQE）达到了 77.2%。同时，由于
能量传递抑制了热猝灭，共掺杂样品的发光热稳定性也明显提高。使用共掺杂荧光粉制
备的 pc‑LED 在 100 mA 输入电流驱动下可以产生 41.8 mW 的近红外功率输出，以及
14.3% 的光电转换效率。该近红外 pc‑LED 在纯水和生肉组织中水的检测实验中得到了
很好的应用。这项工作的结果表明 CLZA：Cr，Yb 石榴石荧光粉在超宽带近红外 pc‑
LED 的应用方面具有巨大潜力。同时注意到，共掺杂样品的发射光谱分布的均匀性还有
待提高。

本章参考文献

[1] LIU P J, LIU J, ZHENG X, et al. An efficient light converter YAB：Cr^{3+}, Yb^{3+}/Nd^{3+} with broadband excitation and strong NIR emission for harvesting c-Si-based solar cells[J]. Journal of Materials Chemistry C, 2014, 2(29)：5769-5777.

[2] GHOSH D, BALAJI S, BISWAS K, et al. Quantum cutting induced multifoldenhanced emission from Cr^{3+}-Yb^{3+}-Nd^{3+} doped zinc fluoroboro silicate glass—role of host material[J]. Journal of Applied Physics, 2016, 120(23)：233104.

[3] ZORENKO Y, GORBENKO V. Growth peculiarities of the R$_3$Al$_5$O$_{12}$(R = Lu, Yb, Tb, Eu-Y) single crystalline film phosphors by liquid phase epitaxy[J]. Radiation Measurements, 2007, 42(4/5)：907-910.

[4] LIU T C, ZHANG G G, QIAO X B, et al. Near-infrared quantum cutting platform in thermally stable phosphate phosphors for solar cells[J]. Inorganic Chemistry, 2013, 52(13)：7352-7357.

[5] SIVAKUMAR S, VAN VEGGEL F C J M, MAY P S. Near-infrared (NIR) to red and green up-conversion emission from silica sol-gel thin films made with La$_{0.45}$Yb$_{0.50}$Er$_{0.05}$F$_3$ nanoparticles, hetero-looping-enhanced energy transfer (Hetero-LEET)：a new up-conversion process[J]. Journal of the American Chemical Society, 2007, 129(3)：620-625.

[6] LIN C C, LIU R S, TANG Y S, et al. Full-color and thermally stable KSrPO$_4$：Ln (Ln = Eu, Tb, Sm) phosphors for white-light-emitting diodes[J]. Journal of the Electrochemical Society, 2008, 155(9)：J248-J251.

[7] DONG J, BASS M, MAO Y L, et al. Dependence of the Yb^{3+} emission cross section and lifetime on temperature and concentration in yttrium aluminum garnet[J]. Journal of the Optical Society of America B, 2003, 20(9)：1975-1979.

[8] QIN W P, LIU Z Y, SIN C N, et al. Multi-ion cooperative processes in Yb^{3+} clusters[J]. Light：Science & Applications, 2014, 3(8)：e193-e193.

[9] LIÉGARD F, DOUALAN J L, MONCORGÉ R, et al. Nd^{3+} → Yb^{3+} energy transfer in a codoped metaphosphate glass as a model for Yb^{3+} laser operation around 980 nm[J].

Applied Physics B, 2005, 80(8): 985-991.

[10] WEBER M J. Optical properties of Yb^{3+} and Nd^{3+}-Yb^{3+} energy transfer in $YAlO_3$ [J]. Physical Review B, 1971, 4(9): 3153.

[11] PAULOSE P I, JOSE G, THOMAS V, et al. Sensitized fluorescence of Ce^{3+}/Mn^{2+} system in phosphate glass[J]. Journal of Physics and Chemistry of Solids, 2003, 64(5): 841-846.

[12] INOKUTI M, HIRAYAMA F. Influence of energy transfer by the exchange mechanism on donor luminescence[J].The Journal of Chemical Physics, 1965, 43(6): 1978-1989.

[13] SONG Y H, JI E K, JEONG B W, et al. High power laser-driven ceramic phosphor plate for outstanding efficient white light conversion in application ofautomotive lighting[J]. Scientific Reports, 2016, 6: 31206.

[14] BLASSE G. Energy transfer inoxidic phosphors[J]. Physics Letters A, 1968, 28(6): 444-445.

[15] DEXTER D L, SCHULMAN J H. Theory of concentration quenching in inorganic phosphors[J]. The Journal of Chemical Physics, 1954, 22(6): 1063-1070.

[16] MATCHER S J, COPE M, DELPY D T. Use of the water absorption spectrum to quantify tissuechromophore concentration changes in near-infrared spectroscopy[J]. Physics in Medicine and Biology, 1994, 39(1): 177-196.

[17] 吴太虎, 徐可欣, 刘庆珍, 等. 近红外光谱法无创测量人体血红蛋白浓度[J]. 激光生物学报, 2006, 15(2): 204-208.

第6章 光谱分布改善的 Cr^{3+}, Nd^{3+}, Yb^{3+} 三掺杂宽带近红外荧光粉

6.1 概 述

近红外(NIR)光谱快速实时检测技术由于其无损检测、环保、无须样品预处理等优点,在农业、食品、医药和非侵入性的健康监测等应用领域得到了广泛的应用。一般来说,构成食品、人体组织的有机基团都具有宽带的吸收或反射光谱。例如,在胡萝卜和西红柿中花青素的吸收波长范围分别在 540 nm、600 ~ 670 nm 以及 700 ~ 1 100 nm。人类机体中血红蛋白的反射波长范围是 700 ~ 900 nm。因此,可见及近红外宽带光谱的光源具有非常理想的非侵入式的监测食品质量分类及人类健康分析的能力。钨灯是比较典型的商业具有可见及近红外光的光源。但是,其具有短寿命、高能耗、产热大以及体积大等缺点,阻碍了钨灯在便携式或微型光谱仪上的使用。因此,使用寿命长、节能且体积小的 pc - LED 作为发光光源在便携式或微型光谱仪的应用上具有显著的优势。目前的白光 pc - LED 已经可以实现超宽带的光谱。因此,需要进一步开发具有宽带发射的近红外发光材料。

第4章和第5章中成功制备了 Cr^{3+}、Nd^{3+}/Yb^{3+} 共掺杂的 CLZA 荧光粉。通过 Cr^{3+} 向 Nd^{3+}/Yb^{3+} 的有效能量传递实现了光谱的展宽及内量子效率的提升。但是 Cr^{3+}/Nd^{3+}、Cr^{3+}/Yb^{3+} 双掺杂的样品的光谱强度在 700 ~ 1 100 nm 的范围内还有明显的凹陷。然而幸运的是,Nd^{3+} 与 Yb^{3+} 的发射光谱刚好可以互相弥补。因此,在本章中将尝试合成 Cr^{3+}, Nd^{3+}, Yb^{3+} 三掺杂的 CLZA 荧光粉,用以获得光谱强度更加均匀的近红外发光。

6.2 晶体结构及发光性能

在第4章和第5章的分析中,Yb^{3+} 与 Nd^{3+} 均取代 Lu^{3+} 的格位,在本章中依然如此。图 6.1 展示了样品 CLZA:8%Cr,1%Yb,xNd (x = 0 ~ 0.08) 的 XRD 衍射图谱。在 1%Yb^{3+} 掺杂的基础上掺杂不同浓度的 Nd^{3+},所示的 XRD 衍射依然没有明显的移动。这是由于

Lu³⁺(0.977 Å) 与 Yb³⁺(0.985 Å) 以及 Nd³⁺(0.98 Å) 的半径相差很小，并且总的掺杂浓度并不是很高。因此，可以说 Yb³⁺、Nd³⁺ 可以很容易混合掺杂取代 CLZA 晶格中的 Lu³⁺，而不会导致结构上的改变。虽然同样在衍射角为 30° 附近观察到了微量的未反应的 ZrO₂ 存在于样品中，但少量的杂质相对能量传递的影响是可忽略的。

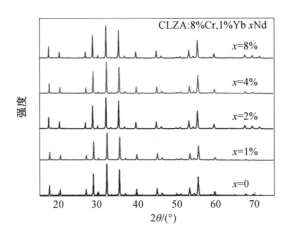

图 6.1　样品 CLZA：8%Cr，1%Yb，xNd (x = 0 ~ 0.08) 的 XRD 衍射图谱

为了能够考察三掺杂样品中 Nd³⁺ 与 Yb³⁺ 之间的能量传递关系，额外制备了 Nd³⁺ 与 Yb³⁺ 共掺杂的 CLZA 近红外荧光粉。同样图 6.2 展示了样品 CLZA：2%Nd，xYb (x = 0 ~ 0.16) 的 XRD 衍射图谱，可以看到所示的 XRD 衍射依然没有明显的移动，Yb³⁺、Nd³⁺ 仍然取代 CLZA 晶格中 Lu³⁺ 的格位。

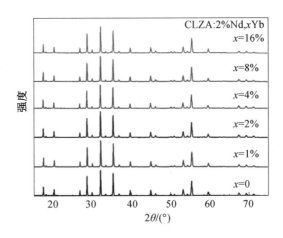

图 6.2　样品 CLZA：2%Nd，xYb (x = 0 ~ 0.16) 的 XRD 衍射图谱

图 6.3(a) 显示了 CLZA：8%Cr，1%Yb，xNd (x = 0 ~ 0.08) 样品在 455 nm 激发下的发射光谱。可以看到，共掺杂 Cr³⁺／Yb³⁺ 的样品包含了一个来自于 Cr³⁺ 的 ⁴T₂g 能级向 ⁴A₂g

能级的跃迁,带宽为 150 nm 在 780 nm 处的发射带以及来自于 Yb^{3+} 的 $^2F_{5/2}$ 能级向 $^2F_{7/2}$ 能级的跃迁的在 900 nm ~ 1 100 nm 的近红外发射带。共掺杂 Nd^{3+} 后的样品的发射光谱中出现了 Nd^{3+} 的线状发射峰,分别位于900 nm、1 060 nm 以及 1 350 nm。在第 4 章中讲到这三个发射峰分别来自于 Nd^{3+} 的 $^4F_{3/2}$ 能级向 $^4I_{9/2}$ 能级、$^4I_{11/2}$ 能级以及 $^4I_{13/2}$ 能级的跃迁。随着 Nd^{3+} 掺杂浓度的增加,Nd^{3+} 的线状发射逐渐增强,Cr^{3+} 的发射峰逐渐减弱,同时,可以观察到 Yb^{3+} 的发光强度也随着 Nd^{3+} 掺杂浓度的增加有所下降。这是由于 Yb^{3+} 的发射完全来自于 Cr^{3+} 向 Yb^{3+} 的能量传递,共掺杂 Nd^{3+} 后,Cr^{3+} 向 Yb^{3+} 与 Nd^{3+} 的能量传递出现竞争关系,因此 Yb^{3+} 的发光强度有所下降。但是,当 Nd^{3+} 掺杂浓度达到 8% 时,可以看到 Yb^{3+} 的发光强度又有所回升,这是由于样品中 Nd^{3+} 向 Yb^{3+} 的能量传递。在图 6.3(a) 中可以清晰地看到,随着 Nd^{3+} 的掺杂,样品发射光谱不仅得到了展宽,而且 Yb^{3+} 与 Nd^{3+} 发射光谱的交叠使得共掺杂样品的发射光谱更加均匀。图 6.3(b) 展示了样品 CLZA: 8%Cr,1%Yb,xNd (x = 0 ~ 0.08) 的积分强度归一化对比图。随着 Nd^{3+} 掺杂浓度的增加,共掺杂样品的总体发光强度下降。这与前两章展示的 Nd^{3+} 掺杂 1% 时共掺杂样品的内量子效率最高以及 Yb^{3+} 掺杂 4% 时共掺杂样品的内量子效率最高是不同的。考虑共掺杂 Yb^{3+} 与 Nd^{3+} 后 Yb^{3+} 与 Nd^{3+} 之间出现了交叉弛豫,使得样品的总发光强度降低。

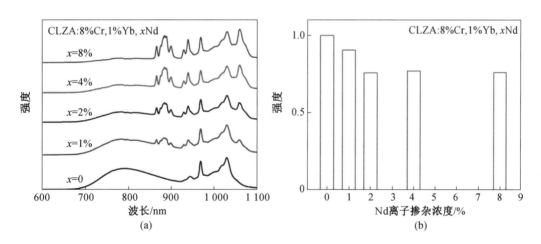

图 6.3　(a) 样品 CLZA: 8%Cr,1%Yb,xNd (x = 0 ~ 0.08) 在 455 nm 激发下的发射光谱图谱。(b)

样品 CLZA: 8%Cr,1%Yb,xNd (x = 0 ~ 0.08) 在 455 nm 激发下的光谱积分强度

　　为了更加清晰地得到共掺杂样品中 Yb^{3+} 与 Nd^{3+} 的发光强度变化规律,在室温下测量了样品中 Yb^{3+} 和 Nd^{3+} 的荧光寿命。图 6.4(a) 展示了共掺杂样品中 Nd^{3+} 的荧光寿命曲线,可以看到随着 Nd^{3+} 掺杂浓度的上升,Nd^{3+} 的荧光寿命没有发现明显的缩短,这就意味

着掺杂 4%Nd^{3+} 仍然没有开始明显的浓度猝灭过程。继续增加 Nd^{3+} 掺杂浓度,Nd^{3+} 的荧光寿命才开始减弱。这与第 4 章中描述的 Cr/Nd 共掺杂样品中,Nd^{3+} 的荧光寿命的变化基本是一致的。同样,图 6.4(b) 中展示了共掺杂样品中 Yb^{3+} 的荧光寿命曲线,可以看到随着 Nd^{3+} 掺杂浓度的上升,Yb^{3+} 的荧光寿命有微弱的减小。因此,可以说明随着 Nd^{3+} 的掺杂,共掺杂样品中出现了 Yb^{3+} 和 Nd^{3+} 之间的交叉传递使得 Yb^{3+} 的发光下降并且由于交叉弛豫导致了共掺杂样品的整体发光强度的下降。而 Nd^{3+} 在掺杂 8% 以后荧光寿命也出现了下降,这是由 Nd^{3+} 的浓度猝灭以及 Nd^{3+} 向 Yb^{3+} 的能量传递导致的。

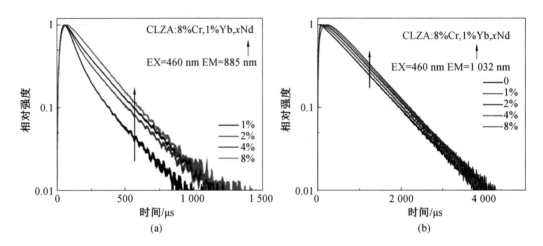

图 6.4　样品 CLZA:8%Cr,1%Yb,xNd(x = 0 ~ 0.08)在 460 nm 激发下的 Nd^{3+} 与 Yb^{3+} 的荧光寿命曲线

图 6.5(a) 展示了样品 CLZA:8%Cr^{3+},1%Yb^{3+} 和 CLZA:8%Cr^{3+},1%Yb^{3+},1%Nd^{3+} 的激发发射曲线。可以看到在样品 CLZA:8%Cr^{3+},1%Yb^{3+} 的激发光谱中包含在 200 ~ 750 nm 范围内的三个宽带峰和一个线峰。根据第 4 章的内容知道,该激发峰完全来自于 Cr^{3+}。在 300 nm 的带状峰来自于 Cr^{3+4}P 轨道的 $^4A_{2g}$ 能级向 $^4T_{1g}$ 能级的跃迁,而处于 460 nm 带状峰来自于 Cr^{3+4}F 轨道的 $^4A_{2g}$ 能级向 $^4T_{1g}$ 能级的跃迁。640 nm 的带状峰以及处于 692 nm 的线状峰分别来自于 Cr^{3+} 的 $^4A_{2g}$ 能级向 $^4T_{2g}$ 能级的跃迁和 $^4A_{2g}$ 能级向 ^2E_g 能级的跃迁。而 Yb^{3+} 在可见光的范围内并没有吸收,Yb^{3+} 的发射来自于 Cr^{3+} 向 Yb^{3+} 的能量传递。可以看到监测 1 032 nm 处 Yb^{3+} 的发射与监测 800 nm 处 Cr^{3+} 的发射具有相同的激发光谱。

样品 CLZA:8%Cr,1%Yb,1%Nd 的发射除了 Cr^{3+} 和 Yb^{3+} 的发射光谱外额外多了两个近红外发射峰。在第 4 章中确定其来自 Nd^{3+} 的 $^4F_{3/2}$ 能级向 $^4I_{9/2}$ 能级的跃迁得到的

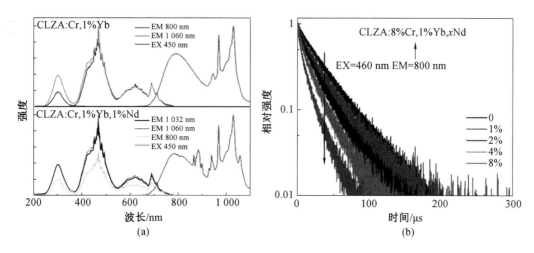

图 6.5　（a）样品 CLZA：8%Cr，1%Yb 和 CLZA：8%Cr，1%Yb，1%Nd 的激发发射曲线。（b）样品
　　　　 CLZA：8%Cr，1%Yb，xNd（x = 0 ~ 0.08）在 460 nm 激发下的 Cr^{3+} 的荧光寿命曲线（彩图见
　　　　 附录）

900 nm，$^4F_{3/2}$ 能级向 $^4I_{11/2}$ 能级跃迁得到的 1 060 nm。其中 Nd^{3+} $^4F_{3/2}$ 能级向 $^4I_{13/2}$ 能级的跃
迁得到的 1 350 nm 的发射峰由于测试设备的限制在这里不进行展示。同样，分别监测样
品 CLZA：8%Cr，1%Yb，1%Nd 中 Cr^{3+}、Nd^{3+} 和 Yb^{3+} 的发射，其激发光谱基本一致。唯独
在监测 Nd^{3+} 的发射时可以看到微弱的 Nd^{3+} 的激发峰。这就表明共掺杂样品中发生 Cr^{3+}
向 Yb^{3+}、Cr^{3+} 向 Nd^{3+} 的能量传递过程。

　　图 6.5(b) 展示了样品 CLZA：8%Cr，1%Yb，xNd（x = 0 ~ 0.08）中 Cr^{3+} 的荧光寿命
曲线。随着 Nd^{3+} 掺杂浓度的提高，Cr^{3+} 的荧光寿命不断减短。相对于图 6.4 中 Yb^{3+} 以及
Nd^{3+} 的荧光寿命变化，Cr^{3+} 的荧光寿命变化十分明显。这也就是说，在样品 CLZA：
8%Cr，1%Yb，xNd（x = 0 ~ 0.08）中的主要能量传递方式为 Cr^{3+} 向 Yb^{3+} 以及 Cr^{3+} 向 Nd^{3+}
的能量传递过程。需要说明的是 Nd^{3+} 向 Yb^{3+} 以及 Yb^{3+} 向 Nd^{3+} 的能量传递并不是不存
在，而是占据次要地位。

　　为了进一步考查三掺杂样品中的发光性能，制备了样品 CLZA：8%Cr，4%Nd，xYb
（x = 0 ~ 0.08）。图 6.6 展示了样品 CLZA：8%Cr，4%Nd，xYb（x = 0 ~ 0.08）和 CLZA：
8%Cr，，8%Yb 在 455 nm 激发下的发射光谱图谱。可以看到在 4%Nd^{3+} 掺杂下，Cr^{3+} 的发
光强度相对于 Nd^{3+} 发光强度已经比较微弱。在此基础上进行不同浓度的 Yb^{3+} 的掺杂，
随着 Yb^{3+} 的掺杂浓度的提升，Cr^{3+} 与 Nd^{3+} 的发光强度均有所下降，而 Yb^{3+} 的发光强度则
一直上升。但是当 Yb^{3+} 的掺杂浓度为 8% 时，样品 CLZA：8%Cr，4%Nd，8%Yb 中 Yb^{3+} 的

发光强度低于样品 CLZA：8%Cr，8%Yb 中 Yb^{3+} 的发光强度。由此可以说明，在三掺杂样品 CLZA：8%Cr，4%Nd，xYb ($x = 0 \sim 0.08$) 中除了 Cr^{3+} 向 Yb^{3+} 以及 Nd^{3+} 的能量传递过程，还明显发生了 Nd^{3+} 向 Yb^{3+} 的能量传递。在 Yb^{3+} 的掺杂浓度为 8% 时，三掺杂样品中 Yb^{3+} 的发光强度仍然低于双掺杂样品，考虑是 Yb^{3+} 向 Nd^{3+} 能量传递造成的交叉弛豫造成的。图 6.6(b) 展示了样品 CLZA：8%Cr，4%Nd，xYb ($x = 0 \sim 0.08$) 和 CLZA：8%Cr，，8%Yb 在 455 nm 激发下的总发光强度（积分强度）。随着 Yb^{3+} 的掺杂浓度的提升，样品的积分强度随之提升。这与第 5 章介绍的在 CLZA：8%Cr 中掺杂 Yb^{3+} 的现象是相同的。Yb^{3+} 相对于 Cr^{3+} 以及 Nd^{3+} 具有更高的发射效率，由 Cr^{3+} 以及 Nd^{3+} 向 Yb^{3+} 的能量传递将会导致更多的光子发射，从而使得样品的发光强度不断提升。但是当 Yb^{3+} 的掺杂浓度为 8% 时，三掺杂的样品的积分强度并没有高于双掺杂样品。这是由于 Nd^{3+} 在其中起到桥梁的作用，通过 Nd^{3+} 的参与能量传递后三掺杂样品的无辐射跃迁增加导致的。总体来说，可以确定的是在三掺杂体系中 Yb^{3+} 与 Nd^{3+} 的低浓度掺杂中，能量传递过程以由 Cr^{3+} 向 Yb^{3+} 与 Nd^{3+} 传递为主。当体系中 Yb^{3+} 与 Nd^{3+} 的掺杂浓度升高后，Nd^{3+} 向 Yb^{3+} 的能量传递为主要的传递过程。

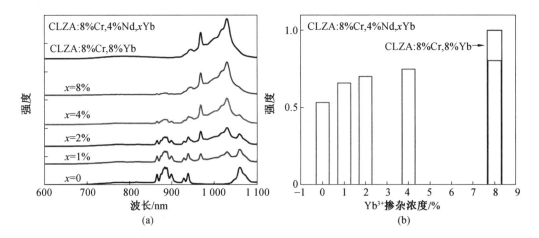

图 6.6　(a) 样品 CLZA：8%Cr，4%Nd，xYb ($x = 0 \sim 0.08$) 和 CLZA：8%Cr，，8%Yb 在 455 nm 激发下的发射光谱图谱。(b) 样品 CLZA：8%Cr，4%Nd，xYb ($x = 0 \sim 0.08$) 和 CLZA：8%Cr，8%Yb 在 455 nm 激发下的积分强度

6.3　能量传递的研究

在第 4 章、第 5 章中已经详细讨论了在 CLZA 材料中 Cr^{3+} 向 Yb^{3+} 与 Nd^{3+} 的能量传递过程。本章主要通过对 CLZA 材料中 Nd^{3+} 向 Yb^{3+} 的能量传递的分析,来进一步明确三掺杂体系中的能量传递过程。因此,制备了 Yb^{3+} 与 Nd^{3+} 共掺杂的样品 CLZA：2%Nd, xYb ($x = 0 \sim 0.16$)。图 6.7(a) 展示了样品 CLZA：2%Nd, xYb ($x = 0 \sim 0.16$) 在 455 nm 蓝光激发下的发射光谱。单掺杂 Nd^{3+} 的样品在 455 nm 激发下出现了位于 900 nm 以及 1 060 nm 附近的线状发射。随着 Yb^{3+} 掺杂浓度的增加,Nd^{3+} 的发射光谱强度不断下降,而位于 980 nm 以及 1 030 nm 附近的 Yb^{3+} 的发射光谱强度不断升高。在掺杂浓度达到 8% 时,Yb^{3+} 的发射光谱强度达到最大值;随后继续掺杂 Yb^{3+} 到 16% 时,Yb^{3+} 的发射光谱强度开始减弱。Yb^{3+} 并不能被 455 nm 的蓝光激发,这说明了在共掺杂样品中发生了 Nd^{3+} 向 Yb^{3+} 的能量传递过程。当掺杂 Yb^{3+} 到 16% 以后,高浓度 Yb^{3+} 产生的浓度猝灭导致了 Yb^{3+} 的发射光谱强度的减弱。图 6.7(b) 展示了在 800 nm 激发下样品 CLZA：2%Nd, xYb ($x = 0 \sim 0.16$) 中 Yb^{3+} 的荧光寿命。随着 Yb^{3+} 掺杂浓度的增加,Yb^{3+} 的荧光寿命在 8% 掺杂浓度以前基本不变,并在掺杂 16%Yb^{3+} 后变化明显。这也就是说在掺杂 Yb^{3+} 到 16% 以后 Yb^{3+} 的发光出现了明显的浓度猝灭。

同样,样品 CLZA：2% Nd 和 CLZA：2% Nd, 1%Yb 的激发发射曲线展示在图 6.7(c) 中。样品 CLZA：2% Nd 中使用 455 nm 蓝光激发可以明显观察到在 900 nm 以及 1 060 nm 的来自于 Nd^{3+} 的发射峰。这两个发射峰分别来自于 Nd^{3+} 的 $^4F_{3/2}$ 能级向 $^4I_{9/2}$ 能级以及 $^4I_{11/2}$ 能级的跃迁。从 Nd^{3+} 的激发光谱可以看到,Nd^{3+} 具有相对丰富的能级结构。掺杂 1% Yb^{3+} 后样品的发射光谱出现了 Yb^{3+} 的特征发射。同时在共掺杂 Nd^{3+} 和 Yb^{3+} 的样品中分别检测位于 1 060 nm 的 Nd^{3+} 的发射以及位于 1 032 nm 的 Yb^{3+} 的发射,可以得到基本一致的发射光谱。这就说明在共掺杂 Nd^{3+} 和 Yb^{3+} 的样品中发生了 Nd^{3+} 向 Yb^{3+} 的能量传递。也就是说,在 CLZA：2%Nd^{3+} 样品中共掺杂 Yb^{3+} 可以有效填补 Nd^{3+} 发射带来的近红外光谱部分的空缺。

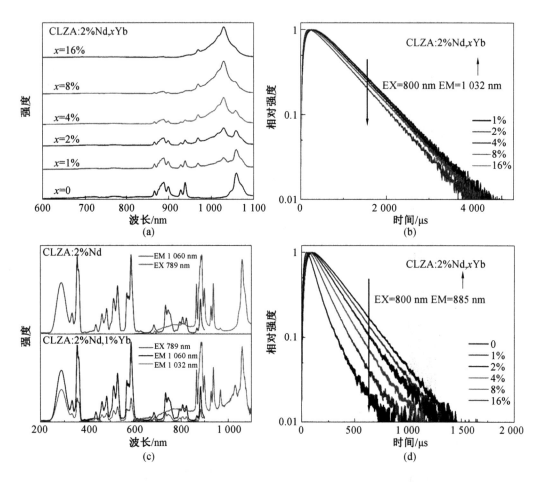

图 6.7　（a）样品 CLZA：2%Nd,xYb（x = 0 ~ 0.16）在 455 nm 激发下的发射光谱图谱。（b）样品
　　　　CLZA：2%Nd,xYb（x = 0 ~ 0.16）在 800 nm 激发下的 Yb^{3+} 的荧光寿命曲线。（c）样品
　　　　CLZA：2% Nd 和 CLZA：2% Nd, 1%Yb 的激发发射曲线。（d）样品 CLZA：2%Nd,xYb（x
　　　　= 0 ~ 0.16）在 800 nm 激发下的 Nd^{3+} 的荧光寿命曲线（彩图见附录）

6.4　温度特性

　　图 6.8（a）展示了样品 CLZA：Cr,1%Yb,1%Nd 在不同温度下的发射光谱。由于在低浓度掺杂下，以 Cr^{3+} 向 Yb^{3+} 以及 Nd^{3+} 的能量传递为主要的能量传递过程。虽然，Yb^{3+} 以及 Nd^{3+} 的发射来自于 Cr^{3+} 的能量传递，但是可以看到的是，Yb^{3+} 以及 Nd^{3+} 的发射具有更高的热稳定性，而且 Yb^{3+} 比 Nd^{3+} 的发射具有更高的热稳定性。这一特征同样可以被解释为 Cr^{3+} 的激发态中能量传递与热去激活之间的竞争。能量传递激发的 Yb^{3+}/Nd^{3+} 主要

由距离相近的 Cr^{3+} – Yb^{3+} 离子对以及 Cr^{3+} – Nd^{3+} 离子对贡献。当 Cr^{3+} 处于激发态时,这些离子对中 Cr^{3+} 的能量可以迅速跃迁到 Yb^{3+} 或者 Nd^{3+},而不是通过热去激发回到基态。这在第 4 章、第 5 章中有相关的描述。只要 Yb^{3+} 被激发,由于 Yb^{3+} 具有的简单能级结构从而得到较高的热稳定发射。图 6.8(b) 展示了样品 CLZA:Cr,1%Yb,xNd($x = 0 \sim 0.08$) 在 455 nm 激发下的温度特性曲线。显然,通过对发射光谱的积分可以得到加入 Nd^{3+} 可有效抑制发光的热猝灭行为。此外,随着 Nd^{3+} 浓度的增加,样品的温度特性明显变好,但是并不像增加 Yb^{3+} 浓度那样出现温度特性归一化大于 1 的情况,这是由于 Nd^{3+} 的发光效率低于 Yb^{3+} 的发光效率。但是随着 Nd^{3+} 浓度的增加,样品中的 Cr^{3+} – Nd^{3+} 会明显增加,这就造成样品的温度特性随 Nd^{3+} 的变化而变化。

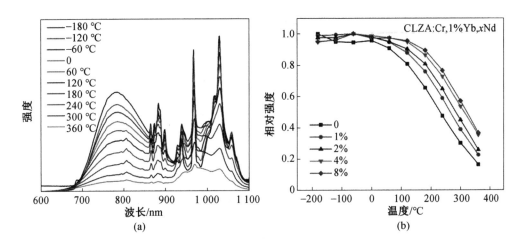

图 6.8　(a) 样品 CLZA:Cr,1%Yb,xNd($x = 0 \sim 0.08$) 在 455 nm 激发下不同温度下的发射光谱图谱,以及(b) 温度特性曲线(彩图见附录)

6.5　用于 pc – LED 的研究

图 6.9(a) 展示了使用样品 CLZA:Cr,1%Yb,2%Nd 与 460 nm 的蓝光芯片封装制备了近红外 pc – LED。可以看到该 LED 覆盖了 700 ~ 1 100 nm 的光谱范围,并且在这个范围内的光谱强度相对于单掺 Yb^{3+} 或者 Nd^{3+} 更加均匀。随着驱动电流从 20 mA 增加到 240 mA,各发射带的强度均有所增加,但发射谱无明显变化。在 800 nm 的位置同样观察到了两个凹陷的吸收峰,这是由于 Nd^{3+} 在 800 nm 的吸收。这在第 4 章中已经有相关的描述。从图 6.9(b) 中可以看到输出功率和光电转换效率随驱动电流的变化曲线。20 mA 驱动电流下,近红外光谱部分的输出功率为 6.1 mW,光电转换效率可达11.6%;在驱动电

流为 100 mA 时,输出功率为 25.3 mW,光电转换效率达到 8.6%。进一步增加驱动电流到
240 mA,可以使输出功率达到 36.1 mW。在这之后,由于芯片的效率开始下降,封装后的
LED 的整体性能不再明显提升。

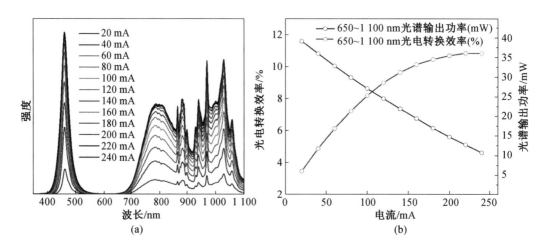

图 6.9　　(a) 样品 CLZA:Cr,1%Yb,2%Nd 在不同电流驱动下的发射光谱。(b) pc - LED 的近红外输
　　　　　出功率及光电转换效率随驱动电流的变化曲线(彩图见附录)

图 6.9 展示的近红外 pc - LED 光源使用的是三掺杂的样品,受限于三掺杂样品的量
子效率,所获得的光源性能明显低于双掺杂的样品。为了获得谱带更宽、发光性能更优异
的近红外光源,使用 CLZA:8%Cr, 2%Nd 和 CLZA:8%Cr, 2%Yb 两种荧光粉混合制备了
如图 6.10(a) 光谱所示的近红外 pc - LED 光源。使用两种荧光粉制备的 pc - LED 光源不
仅展示了 350 nm 的近红外发射光谱,同时也达到了均匀光谱的目的。不仅如此,其近红
外光输出功率在 100 mA 的电流驱动下达到了 47.6 mW。这一数值比单掺杂样品的效率
还要高,具备更高的应用前景。

图 6.11 展示了使用 460 nm 蓝光芯片、BSON、LuAG、CaAlSiN3 以及样品 CLZA:Cr,
1%Yb,2%Nd 封装的可见近红外 pc - LED 的发光光谱。可以看到该 pc - LED 的光谱范
围覆盖了 450 ~ 1 100 nm 的光谱范围,并且光谱是连续的。在 20 mA 驱动电流下,其显色
指数较高,达到 90.7,但是由于白光部分过多地转化为近红外光,LED 的流明效率只有
15.75 lm/W。这类型的可见近红外宽带连续光谱将有望应用于食品检测、内窥镜探测等
领域。

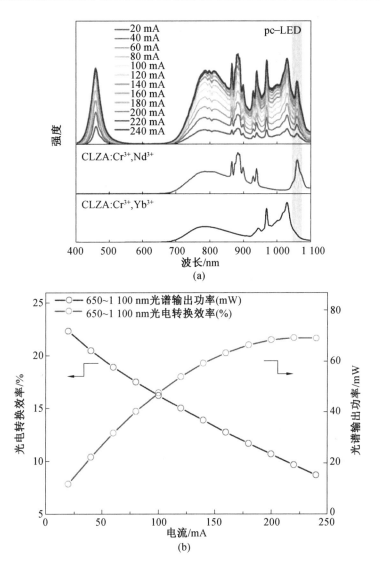

图 6.10　(a) 样品 CLZA：8%Cr, 2%Nd 和 CLZA：8%Cr, 2%Yb 的发
　　　　　射光谱,使用两种荧光粉材料制备的近红外 pc - LED 在不同
　　　　　电流驱动下的发射光谱以及(b) 其近红外输出功率及光电
　　　　　转换效率随驱动电流的变化曲线(彩图见附录)

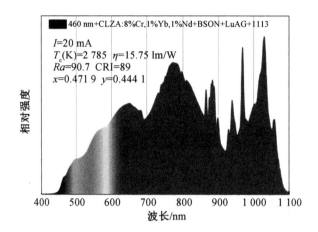

图 6.11　　使用 460 nm 蓝光芯片、BSON、LuAG、CaAlSiN$_3$

以及样品 CLZA：Cr,1%Yb,2%Nd 封装的可见

近红外 pc – LED 的发光光谱(彩图见附录)

6.6　本章小结

本章成功研制了适用于蓝光 LED 激发的高效的超宽带近红外石榴石荧光粉 Ca$_2$LuZr$_2$Al$_3$O$_{12}$:Cr,Nd,Yb(CLZA：Cr,Nd,Yb)。三掺杂的荧光粉材料展示了更加宽的近红外发光,半高宽 330 nm。通过调整 Nd^{3+} 以及 Yb^{3+} 的掺杂浓度,达到了使光谱的相对强度更加均匀的目的。额外制备了近红外石榴石荧光粉 Ca$_2$LuZr$_2$Al$_3$O$_{12}$:Nd,Yb(CLZA：Nd,Yb),简要地分析了其中的能量传递过程。通过前两章的能量传递动力学原理的分析结果表明,Cr^{3+} 向 Nd^{3+}/Yb^{3+} 的能量传递属于偶极 – 偶极相互作用,并且符合 Dexter 的能量传递机制,传递效率较高。但是在三掺杂情况下,多种离子之间的交叉弛豫增加导致其量子效率并没有像前两章一样增加。但是,由于能量传递抑制了热猝灭,共掺杂样品的发光热稳定性仍然明显提高。使用共掺杂荧光粉制备的 pc – LED 在 240 mA 输入电流驱动下可以产生 36.1 mW 的近红外功率输出。最后,通过与蓝绿荧光粉 BSON、黄绿荧光粉 LuAG 以及红色荧光粉 CaAlSiN$_3$ 的封装,实现了高显指的可见到近红外发光的全光谱pc – LED。

本章参考文献

[1] DAVIES A M C, GRANT A. Review: near infra-red analysis of food[J]. International Journal of Food Science & Technology, 1987, 22(3): 191-207.

[2] MEHINAGIC E, ROYER G, SYMONEAUX R, et al. Prediction of the sensory quality of apples by physical measurements[J]. Postharvest Biology and Technology, 2004, 34(3): 257-269.

[3] BIRTH G S, DULL G G, RENFROE W T, et al. Nondestructive spectrophotometric determination of dry matter in onions[J]. Journal of the American Society for Horticultural Science, 1985, 110(2): 297-303.

[4] BOERIU C G, STOLLE-SMITS T, VAN DIJK C.Characterisation of cell wall pectins by near infrared spectroscopy[J]. Journal of Near Infrared Spectroscopy, 1998, 6(A): A299-A301.

[5] YE M Q, GAO Z P, LI Z, et al. Rapid detection of volatile compounds in apple wines using FT-NIR spectroscopy[J]. Food Chemistry, 2016, 190: 701-708.

[6] OSHIMA K, TERASAWA K, FUCHI S, et al. Fabrication of wideband near-infrared phosphor by stacking Sm^{3+}-doped glass on Pr^{3+}-doped glass phosphors[J]. Physica Status Solidi C, 2012, 9(12): 2340-2343.

[7] FUCHI S, TAKEDA Y. Wideband near-infrared phosphor by stacking Sm^{3+} doped glass underneath Yb^{3+}, Nd^{3+} co-doped glass[J]. Physica Status Solidi C, 2011, 8(9): 2653-2656.

[8] BEGHI R, GIOVENZANA V, TUGNOLO A, et al. Application of visible/near infrared spectroscopy to quality control of fresh fruits and vegetables inlarge-scale mass distribution channels: A preliminary test on carrots and tomatoes[J]. Journal of the Science of Food and Agriculture, 2018, 98(7): 2729-2734.

[9] HAYASHI D, VAN DONGEN A M, BOEREKAMP J, et al. A broadband LED source in visible to short-wave-infrared wavelengths for spectral tumor diagnostics[J]. Applied Physics Letters, 2017, 110(23): 233701.

第7章　结论及展望

　　具有无损伤、快速检测等特点的近红外光谱技术在食品检测、安全、传感、农业生产、生物医学等领域具有广泛的应用价值,而获得紧凑、高效及低成本的近红外光源是实现其广泛应用的关键因素之一。传统的卤钨灯由于体积大、效率低、使用寿命短的缺点,难以适用于现代紧凑型便携式光谱设备;相反,LED 光源则具有高效、尺寸小、全固态、寿命长的优点,但是直接实现近红外发射的半导体芯片发射带宽通常较窄,难以满足需要宽带近红外光源的应用需求。此外,某些波段的高效近红外半导体芯片还有待开发。

　　综合考虑技术难度、成本等因素,通过蓝光 LED 芯片结合宽带近红外荧光粉的荧光转换型近红外 LED 光源具有成本较低、发射波长易调节以及与现有白光 LED 封装技术兼容等优势,因此受到广泛的关注,其关键就在于开发出具有宽带发射、高发光效率和高热稳定性的近红外发光材料。近年来,Cr^{3+} 掺杂的宽带近红外荧光粉研究取得了极大的进展,尤其是发射峰值小于 800 nm 的近红外发光材料,其发光效率和发光热稳定性已达到了较高的水平,但这类材料还存在着对蓝光的吸收率普遍偏低的问题,一定程度上限制了材料的商业化应用。而在发射峰值大于 800 nm 的宽带近红外发光材料中,强电子 – 声子耦合作用导致了强非辐射跃迁过程,这类材料普遍存在发光效率低和荧光热稳定性差的问题,如何改善这两个关键性能也成为该领域的一个难点。

　　本书成功研制了适用于蓝光 LED 激发的高效的 $Cr^{3+}/Nd^{3+}/Yb^{3+}$ 掺杂的 $Ca_2LuZr_2Al_3O_{12}$ 超宽带近红外石榴石荧光粉。宽带的近红外发射来自过渡金属 Cr^{3+} 以及三价稀土离子的发射,相比于三价稀土离子 f – f 跃迁,Cr 的 d – d 跃迁发射效率相对较低。因此,共掺 Nd^{3+}、Yb^{3+} 等发射效率较高的三价稀土发光中心,不仅实现了近红外光谱的展宽,同时使得材料的整体发光性能得到了提升。通过对其动力学原理的分析结果表明,Cr^{3+} 向 Nd^{3+}、Yb^{3+} 的能量传递属于偶极 – 偶极相互作用,并且符合 Dexter 的能量传递机制,传递效率较高。发射中心 Nd^{3+}、Yb^{3+} 具有更高的发射效率从而比 Cr^{3+} 贡献了更多的光子,使得内量子效率得到提高。同时,由于能量传递抑制了热猝灭,共掺杂样品的发光热稳定性也明显提高。最终,使用共掺杂荧光粉制备的 pc – LED 在 100 mA 输入电流驱动下可以产生 41.7 mW 的近红外功率输出。这项工作的结果表明 CLZA 系列石榴石荧光粉在超宽带近红外 pc - LED 的应用方面具有巨大潜力。

综上所述,构建 Cr^{3+} 向 Nd^{3+} 和 Yb^{3+} 的能量传递是解决 Cr^{3+} 发光谱带不够宽、发光效率不够高的有效方法。目前对近红外材料中能量传递的研究主要集中在以下方面:通过对施主、受主离子的发射光谱和吸收光谱的交叠判断构建能量传递的可行性,然后再对其进行发光动力学的研究。然而,不同基质材料对能量传递的发光动力学影响的探究还不足,以能量传递的动力学为设计原理,改进近红外荧光粉性能的研究也较少,使得能量传递型近红外荧光粉的开发数量远少于单离子掺杂的近红外荧光粉。因此,继续深入开展过渡金属离子 / 稀土离子掺杂的宽带近红外发光材料的研究十分必要。在进一步揭示材料结构 - 性能关系的基础上,设计开发新型近红外发光材料,加强材料制备工艺研究,拓展其应用场景,加快推动其商业化应用。

附　录

附录 1　部分近红外发光材料及其性能参数

表 1　Cr^{3+} 掺杂近红外荧光材料的性能参数

材料体系	基质	晶格(空间群)	占据格位	Δ/B	激发/nm	发射/nm	半高宽/nm	内量子效率/%	$I/\%$ @T/°C	输出功率/mW @电流/mA	光电转换效率/%	引用
	$Mg_4Ga_8Ge_2O_{20}$	三斜晶系(P-1)	$Mg^{2+}/Ga^{3+}/Ge^{4+}$(Ⅵ)	2.38	400	693	≈150	—	60@150	—	—	[1]
	$Mg_4Ga_4Ge_3O_{16}$	单斜晶系(C2/c)	$Mg^{2+}/Ga^{3+}/Ge^{4+}$(Ⅵ)	2.38	417	693/760	≈150	—	—	—	—	[2]
	$Mg_3Ga_2GeO_8$	正交晶系(Imma)	$Mg^{2+}/Ga^{3+}/Ge^{4+}$(Ⅵ)	2.29	425	800	244	35	—	6.143@60	8.5	[3]
锗酸盐	$La_3GaGe_5O_{16}$	三斜晶系(P-1)	Ga^{3+}/Ge^{4+}(Ⅵ)	2.40	442	780	160	34	≈70@150	43.1@350	52.5	[4]
	$La_3GaGe_5O_{16}$	三方晶系(P321)	Ga^{3+}/Ge^{4+}(Ⅵ)	—	460	980	330	22	84@150	18.2@350	76.59	[5]
	Ga_4GeO_8	单斜晶系(P21/c)	Ga^{3+}(Ⅵ)	—	430	850	215	60	56@150	55.94@400	≈4.5	[6]
	$La_3Ga_{5.5}Nb_{0.5}O_{14}$	六方晶系(P321)	Ga^{3+}(Ⅵ)	2.50	432	1 030	≈200	—	≈80@150	—	—	[7]
	$LaMgGa_{11}O_{19}$	六方晶系(P63/mmc)	Ga^{3+}(Ⅵ)	—	410	775	138	83	80@150	—	—	[8]

续表1

材料体系	基质	晶格(空间群)	占据格位	Δ/B	激发/nm	发射/nm	半高宽/nm	内量子效率/%	$I/\%$ @$T/℃$	输出功率/mW @电流/mA	光电转换效率/%	引用
锗酸盐	$Ca_3Ga_2Ge_4O_{14}$	三方晶系(P321)	Ga^{3+}/Ge^{4+}(VI)	2.35	470	749	≈80	—	—	—	—	[9]
	$Ca_3Ga_2Ge_3O_{12}$	立方晶系(Ia-3d)	Ga^{3+}/Ge^{4+}(VI)	2.40	467	750	≈230	—	—	—	—	[10]
	$NaScGe_2O_6$	单斜晶系(C2/c)	Sc^{3+}(VI)	1.96	490	895	≈150	40	20@150	12.07@350	16.43	[11]
	$CaMgGe_2O_6$	单斜晶系(C2/c)	Mg^{2+}(VI)	2.12	450	845	160	84	≈50@150	57.98@100	≈20	[12]
	$LiScGeO_4$	正交晶系(Pnma)	Li^+/Sc^{3+}(VI)	≈2.0	471	1109	335	—	—	—	—	[13]
	$Na_2CaGe_5SiO_{14}$	三方晶系(P321)	Ge^{4+}(VI)	2.80	419	694/750	≈165	51	—	—	—	[14]
	$Na_2CaSn_2Ge_3O_{12}$	立方晶系(Ia-3d)	Sn^{4+}(VI)	2.3	470	810	≈100	—	—	—	—	[15]
	$SrAl_6Ga_6O_{19}$	六方晶系(P63/mmc)	Al^{3+}/Ga^{3+}(VI)	≈2.5	430	688/770	≈110	84	≈100@150	96@350	82	[16]
	$\beta-Ga_2O_3$	单斜晶系(C2/m)	Ga^{3+}(VI)	2.60	442	740	100	92	≈95@100	—	—	[17]

续表1

材料体系	基质	晶格（空间群）	占据格位	Δ/B	激发/nm	发射/nm	半高宽/nm	内量子效率/%	$I/\%$ @T/℃	输出功率/mW @电流/mA	光电转换效率/%	引用
镓酸盐	$Gd_3Sc_2Ga_3O_{12}$	立方晶系（Ia－3d）	Sc^{3+}（Ⅵ）	2.45	460	740	90	≈ 60	> 86@150	750@1 000	≈ 18	[18]
	$Lu_3Sc_2Ga_3O_{12}$	立方晶系（Ia－3d）	Sc^{3+}（Ⅵ）	2.57	446	692	73	≈ 60	> 90@150	—	< 5	[19]
	$Y_3Sc_2Ga_3O_{12}$	立方晶系（Ia－3d）	Sc^{3+}（Ⅵ）	2.50	452	720	90	≈ 60	> 90@150	—	< 5	[19]
	$La_3Sc_2Ga_3O_{12}$	立方晶系（Ia－3d）	Sc^{3+}（Ⅵ）	2.27	490	800	145	≈ 35	≈ 60@150	—	< 5	[19]
	$Gd_3Y_{0.5}In_{0.5}Ga_4O_{12}$	立方晶系（Ia－3d）	$Y^{3+}/In^{3+}/Ga^{3+}$（Ⅵ）	2.38	449	750	134	≈ 82	≈ 82@150	280@100	15	[20]
	$Ca_2LuHf_2Al_3O_{12}$	立方晶系（Ia－3d）	Hf^{4+}（Ⅵ）	—	460	785	≈ 150	—	≈ 80@150	46.09@100	15.75	[21]
	$Ca_2LuZr_2Al_3O_{12}$	立方晶系（Ia－3d）	Zr^{4+}（Ⅵ）	2.15	460	754	117	≈ 69	70@150	2.448@20	4.1	[22]
	$Lu_2CaMg_2Si_3O_{12}$	立方晶系（Ia－3d）	Mg^{2+}（Ⅵ）	2.5	450	752	125	－ 76	70@150	59.5@100	14.8	[23]
	$Ca_3Sc_2Si_3O_{12}$	立方晶系（Ia－3d）	Sc^{3+}（Ⅵ）	2.25	460	770	110	≈ 13	50@150	—	—	[24]

续表1

材料体系	基质	晶格（空间群）	占据格位	Δ/B	激发/nm	发射/nm	半高宽/nm	内量子效率/%	$I/\%$ @T/℃	输出功率/mW @电流/mA	光电转换效率/%	引用
镓酸盐	$Lu_3Al_5O_{12}$	立方晶系（$Ia-3d$）	Al^{3+}（VI）	2.75	470	730	N	—	—	—	—	[25]
	$Y_3Ga_5O_{12}$	立方晶系（$Ia-3d$）	Ga^{3+}（VI）	2.55	442	717	≈90	30	—	—	—	[26]
	$Ca_2LuScGa_2Ge_2O_{12}$	立方晶系（$Ia-3d$）	Sc^{3+}/Ga^{3+}（VI）	1.97	465	800	150	—	59@150	1.2@100	—	[27]
	$Gd_{2.4}Lu_{0.6}Ga_4AlO_{12}$	立方晶系（$Ia-3d$）	Al^{3+}/Ga^{3+}（VI）	2.66	446	728	107	90	75@150	506@300	11.24	[28]
双钙钛矿	Sr_2MgWO_6	四方晶系（$I4/m$）	Mg^{2+}（VI）	≈2.9	371	763	≈125	—	—	—	—	[29]
	Ca_2MgWO_6	单斜晶系（$P21/n$）	Mg^{2+}（VI）	≈2.0	371	800	≈150	—	—	—	—	[30]
	La_2MgZrO_6	单斜晶系（$P21/n$）	Mg^{2+}/Zr^{4+}（VI）	≈2.5	460	825	210	≈58	50@100	—	—	[31]
	$Cs_2AgInCl_6$	立方晶系（$Fm-3m$）	In^{3+}（VI）	—	353	1 010	≈170	≈22	—	—	—	[32]

续表1

材料体系	基质	晶格(空间群)	占据格位	Δ/B	激发/nm	发射/nm	半高宽/nm	内量子效率/%	$I/\%$ @T/℃	输出功率/mW @电流/mA	光电转换效率/%	引用
硼酸盐	$YAl_3(BO_3)_4$	三方晶系(R32)	Al^{3+}(VI)	2.40	420	720	≈80	—	≈90@150	—	—	[33]
	$GdAl_3(BO_3)_4$	三方晶系(R32)	Al^{3+}(VI)	2.47	420	733	≈80	≈91	≈88@150	81@350	—	[34]
	$Y_{0.57}La_{0.72}Sc_{2.71}(BO_3)_4$	单斜晶系(C2/c)	Sc^{3+}(VI)	2.27	466	850	172	≈34	≈41@100	17.6@300	1.95	[35]
	$K_6Li_{0.9}Na_{0.1}CaSc_2(B_5O_{10})_3$	三方晶系(R32)	Sc^{3+}(VI)	1.87	465	825	167	≈20	≈50@125	27.53@300	≈3	[36]
	$ScBO_3$	三方晶系(R-3c)	Sc^{3+}(VI)	2.3	450	800	120	≈73	49@150	39.11@350	20	[37]
	$LaSc_3B_4O_{12}$	单斜晶系(C2/c)	Sc^{3+}(VI)	2.05	460	871	200	24	24@150	—	—	[38]
氟化物	K_3AlF_6	立方晶系(Fm-3m)	Al^{3+}(VI)	2.12	442	750	≈100	25	<50@50	7@350	0.69	[39]
	K_3GaF_6	立方晶系(Fm-3m)	Ga^{3+}(VI)	2.12	442	750	≈100	28	<50@50	8.4@350	0.84	[39]
	Na_3AlF_6	立方晶系(Fm-3m)	Al^{3+}(VI)	—	420	720	≈80	75	72@150	—	—	[40]

续表1

材料体系	基质	晶格(空间群)	占据格位	Δ/B	激发/nm	发射/nm	半高宽/nm	内量子效率/%	$I/\%$ @$T/℃$	输出功率/mW @电流/mA	光电转换效率/%	引用
氟化物	K_3ScF_6	立方晶系(Fm-3m)	Sc^{3+}(VI)	2.09	432	770	≈100	—	≈87@150	38@100	9.315	[41]
	Na_3ScF_6	立方晶系(Fm-3m)	Sc^{3+}(VI)	1.9~2.2	≈440	774	108	≈91	—	291@100	20.94	[42]
	$Na_3Al_2Li_3F_{12}$	立方晶系(Ia-3d)	Al^{3+}(VI)	1.95	430	750	≈110	78	≈99@150	14.3@60	≈8	[43]
	K_2NaScF_6	立方晶系(Fm-3m)	Sc^{3+}(VI)	2.06	435	765	≈100	74	≈90@150	41.3@20	15.77	[44]
	K_2NaGaF_6	立方晶系(Fm-3m)	Ga^{3+}(VI)	—	428	748	≈110	≈70	≈91@150	100@150	12.3	[45]
	K_2NaInF_6	立方晶系(Fm-3m)	In^{3+}(VI)	1.79	439	774	116	≈70	≈78@150	≈493@1050	4.62	[46]
硅酸盐、锡酸盐	$LiInSi_2O_6$	单斜晶系(C2/c)	In^{3+}(VI)	1.75	460	840	143	75	77@150	51.6@100	17.2	[47]
	$NaScSi_2O_6$	单斜晶系(C2/c)	Sc^{3+}(VI)	2.07	460	840	140	—	>80@150	26@100	≈8.6	[48]
	$CaMgSi_2O_6$	单斜晶系(C2/c)	Mg^{2+}(VI)	—	455	845	187	≈46	85@100	23.7@100	7.96	[49]

续表1

材料体系	基质	晶格（空间群）	Δ/B	激发/nm	发射/nm	半高宽/nm	内量子效率/%	$I/\%$ @T/℃	输出功率/mW @ 电流/mA	光电转换效率/%	引用
硅酸盐、锡酸盐	$LiScSi_2O_6$	单斜晶系（C2/c）	Sc^{3+}(VI)	1.87	460	845	156	64	75@150	203@300	—	[50]
	$CaSc_{0.85}Al_{1.15}SiO_6$	单斜晶系（C2/c）	Sc^{3+}/Al^{3+}(VI)	2.07	460	950	205	30	77@100	—	—	[51]
	$Li_{1.6}Zn_{1.6}Sn_{2.8}O_8$	六方晶系（P63/mc）	Sn^{4+}/Zn^{2+}(VI)	2.55	460	830	≈193	54	—	—	—	[52]
	$Mg_{1.4}Zn_{0.6}SnO_4$	立方晶系（Fm-3m）	$Sn^{4+}/Zn^{2+}/Mg^{2+}$(VI)	2.64	448	730	≈100	—	≈40@150	—	—	[53]
	$K_2Ga_2Sn_6O_{16}$	四方晶系（I4/m）	Ga^{3+}/Sn^{4+}(VI)	2.71	450	830	≈225	34	—	—	—	[54]
铝酸盐	$LaMgAl_{11}O_{19}$	六方晶系（P63/mmc）	Al^{3+}/Mg^{2+}(VI)	—	455	775	≈120	≈40	—	—	—	[55]
	$SrAl_{12}O_{19}$	六方晶系（P63/mmc）	Al^{3+}(VI)	—	417	688/793	<100	—	—	—	—	[56]
磷酸盐	$Sr_8MgLa(PO_4)_7$	单斜晶系（I2/a）	Mg^{2+}(VI)	2.07	490	870	140	—	≈15@150	—	—	[57]
	$Sr_9Ga(PO_4)_7$	六方晶系（P63/mmc）	Ga^{3+}(VI)	2.24	485	848	≈150	≈66	<5@150	19.8@150	4.23	[58]

续表1

材料体系	基质	晶格（空间群）	占据格位	Δ/B	激发/nm	发射/nm	半高宽/nm	内量子效率/%	$I/\%$ @T/℃	输出功率/mW @电流/mA	光电转换效率/%	引用
磷酸盐	$Sr_9Sc(PO_4)_7$	六方晶系（P63/mmc）	Sc^{3+}(Ⅵ)	—	460	856	≈150	≈56	—	31.6@550	—	[59]
	$LiScP_2O_7$	单斜晶系（P21/c）	Sc^{3+}(Ⅵ)	1.84	470	880	170	53	≈20@150	19@100	7	[60]
	$LiInP_2O_7$	单斜晶系（P21/c）	In^{3+}(Ⅵ)	2.09	460	860	165	≈28	47@100	6.24@100	2.2	[61]
	$LiGaP_2O_7$	单斜晶系（P21/c）	Ga^{3+}(Ⅵ)	1.87	452	846	168	≈48	51@100	28@120	7.8	[62]
	$KGaP_2O_7$	单斜晶系（P21/c）	Ga^{3+}(Ⅵ)	1.96	460	810	127	≈74	56@150	473.8@500	10.7	[63]
	$KAlP_2O_7$	单斜晶系（P21/c）	Al^{3+}(Ⅵ)	1.90	450	790	120	≈79	77@150	32.1@100	11.4	[64]
	AlP_3O_9	立方晶系（I4-3d）	Al^{3+}(Ⅵ)	1.89	450	780	<100	76	91@150	10.2@20	17.8	[65]
	$Na_3Sc_2(PO_4)_3$	单斜晶系（Cc）	Sc^{3+}(Ⅵ)	2.48	430	750	≈150	≈32	84@150	4@60	2.6	[66]

续表1

材料体系	基质	晶格(空间群)	占据格位	Δ/B	激发/nm	发射/nm	半高宽/nm	内量子效率/%	I/% @T/℃	输出功率/mW @电流/mA	光电转换效率/%	引用
钪酸盐	$CaSc_2O_4$	正交晶系(Pnam)	Sc^{3+}(Ⅵ)	2.10	470	819	170	—	≈35@150	—	—	[67]
	$SrSc_2O_4$	正交晶系(Pnam)	Sc^{3+}(Ⅵ)	1.95	470	860	170	—	—	—	—	[67]
	$Sr_3Sc_4O_9$	菱形晶格(R3)	Sc^{3+}(Ⅵ)	2.69	468	761	120	≈87	≈70@100	—	—	[68]
钽酸盐	$MgTa_2O_6$	四方晶系(P42/mmm)	Mg^{2+}/Ta^{5+}(Ⅵ)	2.50	460	834	140	—	—	—	—	[69]
	$GaTaO_4$	单斜晶系(P2/c)	Ga^{3+}/Ta^{5+}(Ⅵ)	2.29	460	840	140	≈91	60@150	178@500	6	[70]
	$InTaO_4$	单斜晶系(P2/c)	In^{3+}/Ta^{5+}(Ⅵ)	1.25	500	839	125	—	—	—	—	[71]
	$GaTa_{0.5}Nb_{0.5}O_4$	单斜晶系(P2/c)	$Ga^{3+}/Ta^{5+}/Nb^{5+}$(Ⅵ)	2.18	476	865	≈145	≈94	20@150	56.26@320	—	[72]

表 2 能量传递型近红外荧光材料的能量传递及其性能

离子对	基质	激发/nm	发射/nm /(传递能级)	半高宽/nm	相对强度/% @ 温度/℃	输出功率/mW @ 电流/mA /运行时间	能量传递效率/%	引用
Cr^{3+} – Rn^+	$Ca_3LuHf_2Al_3O_{12}$	405	$485/{}^5D_1 \rightarrow {}^4F_2(Ce^{3+})$ $775/{}^4T_2 \rightarrow {}^4A_2(Cr^{3+})$	$420 \sim 600$ $650 \sim 1\,050$	$\approx 60@150$	—	≈ 42	[73]
Ce^{3+} – Cr^{3+}	$Y_3Al_2Ga_3O_{12}$	350	$515/{}^5D_1 \rightarrow {}^4F_2(Ce^{3+})$ $690/{}^2E \rightarrow {}^4A_2(Cr^{3+})$	$450 \sim 800$	—	$> 1\ h$	≈ 55	[26]
	$Y_3Al_5O_{12}$	450	$530/{}^5D_1 \rightarrow {}^4F_2(Ce^{3+})$ $688/{}^2E \rightarrow {}^4A_2(Cr^{3+})$	$480 \sim 800$	—	—	≈ 80	[74]
	$Ca_3Sc_2Si_3O_{12}$	460	$510/{}^5D_1 \rightarrow {}^4F_2(Ce^{3+})$ $770/{}^4T_2 \rightarrow {}^4A_2(Cr^{3+})$	$450 \sim 900$	$\approx 80@150$	21.6 mW @350 mA	≈ 44	[75]
	$(Y,Ba)_3$ $(Al,Si)_5O_{12}$	467	$550/{}^5D_1 \rightarrow {}^4F_2(Ce^{3+})$ $692/{}^2E \rightarrow {}^4A_2(Cr^{3+})$	$500 \sim 800$	$\approx 40@150$	—	≈ 90	[76]
Bi^{3+} – Cr^{3+}	$Ca_3Ga_2Ge_3O_{12}$	284	$460/{}^3P_1 \rightarrow {}^1S_0(Bi^{3+})$ $734/{}^2E \rightarrow {}^4A_2(Cr^{3+})$	$650 \sim 850$	$> 95@250$	105 s	≈ 21	[77]
	$LaGaO_3$	309	$374/{}^3P_1 \rightarrow {}^1S_0(Bi^{3+})$ $740/{}^2E \rightarrow {}^4A_2(Cr3+)$	$350 \sim 600$ $650 \sim 800$	—	—	55	[78]
Eu^{3+} – Cr^{3+}	Zn_2SnO_4	340	$598/{}^5D_0 \rightarrow {}^7F_1(Eu^{3+})$ $800/{}^4T_2 \rightarrow {}^4A_2(Cr^{3+})$	$575 \sim 850$	—	$> 17\ h$	—	[79]
Eu^{2+} – Cr^{3+}	$Mg_2Al_4Si_5O_{18}$	450	$615/{}^5D_0 \rightarrow {}^7F_1(Eu^{3+})$ $867/{}^4T_2 \rightarrow {}^4A_2(Cr^{3+})$	$500 \sim 1\,200$	$49@150$	24.9 mW @300 mA	≈ 55	[80]

续表2

	基质	激发/nm	发射/nm /(传递能级)	半高宽/nm	相对强度/% @ 温度/℃	输出功率/mW @ 电流/mA / 运行时间	能量传递效率/%	引用
$Cr^{3+}-Rn^+$	$Y_3Al_5O_{12}$	273	$544/^5D_4 \rightarrow {^7F_5}(Tb^{3+})$ $689/^2E \rightarrow {^4A_2}(Cr^{3+})$	450 ~ 800	—	—	≈ 94	[81]
$Tb^{3+}-Cr^{3+}$	$La_3Ga_5GeO_{14}$	373	$544/^5D_4 \rightarrow {^7F_5}(Tb^{3+})$ $790/^4T_2 \rightarrow {^4A_2}(Cr^{3+})$	400 ~ 1 300	62@150	3 mW @160 mA	≈ 99	[82]
	$SrAl_{12}O_{19}$	205	$402/^1S_0 \rightarrow {^1I_6}, {^3P_J}(Pr^{3+})$ $685/^4T_2 \rightarrow {^4A_2}(Cr^{3+})$	380 ~ 430 650 ~ 750	—	—	—	[56]
$Pr^{3+}-Cr^{3+}$	$Zn_3Ga_2GeO_8$	560	$700/^4T_2 \rightarrow {^4A_2}(Cr^{3+})$	650 ~ 800	—	105 s	—	[83]
	$La_3Ga_5GeO_{14}$	460	$646/^1S_0 \rightarrow {^1I_6}, {^3P_J}(Pr^{3+})$ $980/^4T_2 \rightarrow {^4A_2}(Cr^{3+})$	600 ~ 1 600	20@150	—	42	[84]
$Mn^{4+}-Cr^{3+}$	La_2ZnTiO_6	337	$710/^2E \rightarrow {^4A_2}(Mn^{4+})$ $740/^4T_2 \rightarrow {^4A_2}(Cr^{3+})$	650 ~ 850	≈ 55@150	—	—	[85]
	$GaTaO_4$	467	$843/^4T_2 \rightarrow {^4A_2}(Cr^{3+})$ $971/^2F_{5/2} \rightarrow {^2F_{7/2}}(Yb^{3+})$	700 ~ 1 100	90@150	282 mW @100 mA	≈ 66	[86]
$Cr^{3+}-Yb^{3+}$	$Zn_{1.2}Al_{1.6}Ge_{0.2}O_4$	280	$686/^2E \rightarrow {^4A_2}(Cr^{3+})$ $975/^2F_{5/2} \rightarrow {^2F_{7/2}}(Yb^{3+})$	650 ~ 800 900 ~ 1 100	—	> 100 h	—	[87]
	$KZnF_3$	450	$800/^4T_2 \rightarrow {^4A_2}(Cr^{3+})$ $976/^2F_{5/2} \rightarrow {^2F_{7/2}}(Yb^{3+})$	650 ~ 1 100	—	—	≈ 63	[88]

续表2

	基质	激发/nm	发射/nm /(传递能级)	半高宽/nm	相对强度/% @温度/℃	输出功率/mW @电流/mA /运行时间	能量传递效率/%	引用
Cr³⁺–Rn⁺	LaGaO₃	468	728/²E→⁴A₂(Cr³⁺) / 986/²F₅/₂→²F₇/₂(Yb³⁺)	650~800 / 900~1 100	—	—	33	[89]
	Ca₂MgWO₆	340	815/⁴T₂→⁴A₂(Cr³⁺) / 980/²F₅/₂→²F₇/₂(Yb³⁺)	650~1 100	—	—	≈69	[90]
	Ca₂LuZr₂Al₃O₁₂	455	800/⁴T₂→⁴A₂(Cr³⁺) / 1 032/²F₅/₂→²F₇/₂(Yb³⁺)	650~1 100	>95@150	41.8 mW @100 mA	≈90	[91]
	Lu₂CaMg₂Ge₂O₁₂	455	794/⁴T₂→⁴A₂(Cr³⁺) / 1 032/²F₅/₂→²F₇/₂(Yb³⁺)	650~1 100	≈86@150	92.3 mW @350 mA	≈49	[92]
Cr³⁺–Yb³⁺	LiIn₂SbO₆	492	970/⁴T₂→⁴A₂(Cr³⁺) / 998/²F₅/₂→²F₇/₂(Yb³⁺)	780~1 400	30@95	—	≈80	[93]
	LiScP₂O₇	470	880/⁴T₂→⁴A₂(Cr³⁺) / 1 001/²F₅/₂→²F₇/₂(Yb³⁺)	700~1 100	≈50@150	36 mW @100 mA	≈51	[60]
	Gd₃Sc₁.₅Al₀.₅Ga₃O₁₂	460	756/⁴T₂→⁴A₂(Cr³⁺) / 1 032/²F₅/₂→²F₇/₂(Yb³⁺)	700~1 100	97@150	50 mW @100 mA	≈93	[94]
	Lu₀.₂Sc₀.₈BO₃	460	830/⁴T₂→⁴A₂(Cr³⁺) / 990/²F₅/₂→²F₇/₂(Yb³⁺)	700~1 200	88.4@100	18.4 mW @120 mA	84.2	[95]
	Ca₄ZrGe₃O₁₂	477	840/⁴T₂→⁴A₂(Cr³⁺) / 968/²F₅/₂→²F₇/₂(Yb³⁺)	650~1 200	73@100	—	≈37	[96]

续表2

$Cr^{3+}-Rn^+$	基质	激发/nm	发射/nm /（传递能级）	半高宽/nm	相对强度/% @ 温度/℃	输出功率/mW @ 电流/mA / 运行时间	能量传递效率/%	引用
$Cr^{3+}-Yb^{3+}$	$Gd_3MgScGa_2SiO_{12}$	450	$850/^4T_2 \rightarrow {}^4A_2(Cr^{3+})$ $970/^2F_{5/2} \rightarrow {}^2F_{7/2}(Yb^{3+})$	600 ~ 1 100	≈ 50@150	19.5 mW @ 100 mA	12.9	[97]
$Cr^{3+}-Nd^{3+}$	$Ca_3Ga_2Ge_3O_{12}$	460	$750/^4T_2 \rightarrow {}^4A_2(Cr^{3+})$ $1\,062/^4F_{9/2} \rightarrow {}^4I_{11/2}(Nd^{3+})$	650 ~ 1 150	—	—	≈ 58	[98]
	$LaGaO_3$	468	$728/^2E \rightarrow {}^4A_2(Cr^{3+})$ $1\,069/^4F_{9/2} \rightarrow {}^4I_{11/2}(Nd^{3+})$	650 ~ 1100	—	—	≈ 77	[89]
	$GdY_2Al_3Ga_2O_{12}$	430	$691/^2E \rightarrow {}^4A_2(Cr^{3+})$ $1\,060/^4F_{9/2} \rightarrow {}^4I_{11/2}(Nd^{3+})$	650 ~ 800 900 ~ 1 100	—	> 900 s	≈ 42	[99]
$Cr^{3+}-Er^{3+}$	$CaAl_6Ga_6O_{19}$	466	$692/^2E \rightarrow {}^4A_2;$ $750/^4T_2 \rightarrow {}^4A_2(Cr^{3+})$ $991/^4I_{11/2} \rightarrow {}^4I_{15/2}$ $1\,525/^4I_{13/2} \rightarrow {}^4I_{15/2}(Er^{3+})$	650 ~ 1 100 1 450 ~ 1 600	—	—	≈ 30	[100]
$Ce^{3+}-Cr^{3+}-$ $Yb^{3+}-Nd^{3+}$	$Ca_3Sc_2Si_3O_{12}$	450	$550/^5D_1 \rightarrow {}^4F_2(Ce^{3+})$ $770/^4T_2 \rightarrow {}^4A_2(Cr^{3+})$ $980/^2F_{5/2} \rightarrow {}^2F_{7/2}(Yb^{3+})$ $1\,060/^4F_{9/2} \rightarrow {}^4I_{11/2}(Nd^{3+})$	400 ~ 1 100	≈ 79@150	16 mW @ 100 mA	≈ 54	[101]
$Cr^{3+}-Yb^{3+}-$ Nd^{3+}	$YAl_3(BO_3)_4$	420	$683/^2E \rightarrow {}^4A_2(Cr^{3+})$ $983/^2F_{5/2} \rightarrow {}^2F_{7/2}(Yb^{3+})$ $1\,064/^4F_{9/2} \rightarrow {}^4I_{11/2}(Nd^{3+})$	650 ~ 800 900 ~ 1 100	—	—	≈ 75	[102]

续表2

	基质	激发 /nm	发射 /nm /(传递能级)	半高宽 /nm	相对强度 /% @ 温度 /℃	输出功率 /mW @ 电流 /mA / 运行时间	能量传递效率 /%	引用
$Cr^{3+} - Rn^{+}$	$Zn_{1.5}Sn_{0.5}Ga_{1.0}O_4$	450	$700/^4T_2 \rightarrow {}^4A_2(Cr^{3+})$ $1\,330/^3T_2 \rightarrow {}^3A_2(Ni^{2+})$	$650 \sim 1\,650$	—	—	83	[103]
$Cr^{3+} - Ni^{2+}$	$LiMgPO_4$	450	$890/^4T_2 \rightarrow {}^4A_2(Cr^{3+})$ $1\,380/^3T_2 \rightarrow {}^3A_2(Ni^{2+})$	$600 \sim 1\,600$	56.6@120	2.7 mW @120 mA	—	[104]

附录 1 参考文献

[1] JIN Y H, HU Y H, YUAN L F, et al. Multifunctional near-infrared emitting Cr^{3+}-doped $Mg_4Ga_8Ge_2O_{20}$ particles with long persistent and photostimulated persistent luminescence, and photochromic properties[J]. Journal of Materials Chemistry C, 2016, 4(27): 6614-6625.

[2] ZHAN Y Y, JIN Y H, WU H Y, et al. Cr^{3+}-doped $Mg_4Ga_4Ge_3O_{16}$ near-infrared phosphor membrane for optical information storage and recording[J]. Journal of Alloys and Compounds, 2019, 777: 991-1000.

[3] DAI D J, WANG Z J, XING Z H, et al. Broad band emission near-infrared material $Mg_3Ga_2GeO_8$: Cr^{3+}: substitution of Ga-In, structural modification, luminescence property and application for high efficiency LED[J]. Journal of Alloys and Compounds, 2019, 806: 926-938.

[4] RAJENDRAN V, LESNIEWSKI T, MAHLIK S, et al. Ultra-broadband phosphors converted near-infrared light emitting diode with efficient radiant power for spectroscopy applications[J].Acs Photonics, 2019, 6(12): 3215-3224.

[5] RAJENDRAN V, FANG M H, GUZMAN G N, et al. Super broadband near-infrared phosphors with high radiant flux as future light sources for spectroscopy applications[J]. ACS Energy Letters, 2018, 3(11): 2679-2684.

[6] RAJENDRAN V, LESNIEWSKI T, MAHLIK S, et al. Ultra-broadband phosphors converted near-infrared light emitting diode with efficient radiant power for spectroscopy applications[J].Acs Photonics, 2019, 6(12): 3215-3224.

[7] LI Y J, YE S, ZHANG Q Y. Ultra-broadband near-infrared luminescence of ordered - disordered multi-sited Cr^{3+} in $La_3Ga_{5.5}Nb_{0.5}O_{14}$: Cr^{3+}[J]. Journal of Materials Chemistry C, 2014, 2(23): 4636-4641.

[8] LIU S Q, WANG Z Z, CAI H, et al. Highly efficient near-infrared phosphor $LaMgGa_{11}O_{19}$: Cr^{3+}[J]. Inorganic Chemistry Frontiers, 2020, 7(6): 1467-1473.

[9] QIU K L, ZHANG H C, YUAN T Y, et al. Design and improve of the near-infrared phosphor by adjusting the energy levels or constructing new defects[J].Spectrochimica

Acta Part A: Molecular and Biomolecular Spectroscopy, 2019, 219: 401-410.

[10] LIN H H, BAI G X, YU T, et al. Site occupancy and near-infrared luminescence in $Ca_3Ga_2Ge_3O_{12}$: Cr^{3+} persistent phosphor[J]. Advanced Optical Materials, 2017, 5(18): 1700227.

[11] ZHOU X F, GENG W Y, LI J Y, et al. An ultraviolet-visible and near-infrared-responded broadband NIR phosphor and its NIR spectroscopy application[J]. Advanced Optical Materials, 2020, 8(8): 1902003.

[12] FANG L M, ZHANG L L, WU H, et al. Efficient broadband near-infrared $CaMgGe_2O_6$: Cr^{3+} phosphor for pc-LED[J]. Inorganic Chemistry, 2022, 61(23): 8815-8822.

[13] YE Z J, WANG Z J, WU Q, et al. A single luminescence center ultra-broadband near-infrared $LiScGeO_4$: Cr phosphor for biological tissue penetration[J]. Dalton Transactions, 2021, 50(29): 10092-10101.

[14] DING S S, GUO H J, FENG P, et al. A new near-infrared long persistent luminescence material with its outstanding persistent luminescence performance and promising multifunctional application prospects[J]. Advanced Optical Materials, 2020, 8(18): 2000097.

[15] ZHOU X Q, JU G F, DAI T S, et al. Endowing Cr^{3+}-doped non-gallate garnet phosphors with near-infrared long-persistent luminescence in weak fields[J]. Optical Materials, 2019, 96: 109322.

[16] RAJENDRAN V, FANG M H, HUANG W T, et al. Chromium ion pair luminescence: A strategy in broadband near-infrared light-emitting diode design[J]. Journal of the American Chemical Society, 2021, 143(45): 19058-19066.

[17] ZHANG J, MU W X, ZHANG K H, et al. Broadband near-infrared Cr^{3+}: β-Ga_2O_3 fluorescent single crystal grown by the EFG method[J]. CrystEngComm, 2020, 22(44): 7654-7659.

[18] BASORE E T, XIAO W G, LIU X F, et al. Broadband near-infrared garnet phosphors with near-unity internal quantum efficiency[J]. Advanced Optical Materials, 2020, 8(12): 2000296.

[19] MALYSA B, MEIJERINK A, JÜSTEL T. Temperature dependent Cr^{3+} photoluminescence in garnets of the type $X_3Sc_2Ga_3O_{12}$ (X = Lu, Y, Gd, La) [J]. Journal of Luminescence, 2018, 202: 523-531.

[20] WANG Y, WANG Z J, WEI G H, et al. Highly efficient and stable near-infrared broadband garnet phosphor for multifunctional phosphor-converted light-emitting diodes[J]. Advanced Optical Materials, 2022, 10(11): 2200415.

[21] ZHANG L L, WANG D D, HAO Z D, et al. Cr^{3+}-doped broadband NIR garnet phosphor with enhanced luminescence and its application in NIR spectroscopy[J]. Advanced Optical Materials, 2019, 7(12): 1900185.

[22] ZHANG L L, ZHANG S, HAO Z D, et al. A high efficiency broad-band near-infrared $Ca_2LuZr_2Al_3O_{12}$: Cr^{3+} garnet phosphor for blue LED chips[J]. Journal of Materials Chemistry C, 2018, 6(18): 4967-4976.

[23] NIE W D, YAO L Q, CHEN G, et al. A novel Cr^{3+}-doped $Lu_2CaMg_2Si_3O_{12}$ garnet phosphor with broadband emission for near-infrared applications[J]. Dalton Transactions, 2021, 50(24): 8446-8456.

[24] JIA Z W, YUAN C X, LI R Y, et al. Electron-phonon coupling mechanisms of broadband near-infrared emissions from Cr^{3+} in the $Ca_3Sc_2Si_3O_{12}$ garnet[J]. Physical Chemistry Chemical Physics, 2020, 22(18): 10343-10350.

[25] WU X X, CHENG M, ZHENG W C, et al. Unified research of the EPR and optical spectral data for Cr^{3+}-doped $Lu_3Al_5O_{12}$ crystal[J]. Optik, 2018, 164: 729-733.

[26] ELZBIECIAK K, MARCINIAK L. The impact of Cr^{3+} doping on temperature sensitivity modulation in Cr^{3+} doped and Cr^{3+}, Nd^{3+} Co-doped $Y_3Al_5O_{12}$, $Y_3Al_2Ga_3O_{12}$, and $Y_3Ga_5O_{12}$ nanothermometers[J]. Frontiers in Chemistry, 2018, 6: 424.

[27] BAI B, DANG P P, HUANG D Y, et al. Broadband near-infrared emitting $Ca_2LuScGa_2Ge_2O_{12}$: Cr^{3+} phosphors: Luminescence properties and application in light-emitting diodes[J]. Inorganic Chemistry, 2020, 59(18): 13481-13488.

[28] ZOU X K, WANG X J, ZHANG H R, et al. A highly efficient and suitable spectral profile Cr^{3+}-doped garnet near-infrared emitting phosphor for regulating

photomorphogenesis of plants[J]. Chemical Engineering Journal, 2022, 428: 132003.

[29] XU D D, QIU Z C, ZHANG Q, et al. Sr_2MgWO: Cr^{3+} phosphors with effective near-infrared fluorescence and long-lasting phosphorescence[J]. Journal of Alloys and Compounds, 2019, 781: 473-478.

[30] XU D D, WU X M, ZHANG Q, et al. Fluorescence property of novel near-infrared phosphor Ca_2MgWO_6: Cr^{3+}[J]. Journal of Alloys and Compounds, 2018, 731: 156-161.

[31] ZENG H T, ZHOU T L, WANG L, et al. Two-site occupation for exploring ultra-broadband near-infrared phosphor-Double-perovskite La_2MgZrO_6: Cr^{3+} [J]. Chemistry of Materials, 2019, 31(14): 5245-5253.

[32] ZHAO F Y, SONG Z, ZHAO J, et al. Double perovskite $Cs_2AgInCl_6$: Cr^{3+}: broadband and near-infrared luminescent materials[J]. Inorganic Chemistry Frontiers, 2019, 6(12): 3621-3628.

[33] MALYSA B, MEIJERINK A, JÜSTEL T. Temperature dependent luminescence Cr^{3+}-doped $GdAl_3(BO_3)_4$ and $YAl_3(BO_3)_4$[J]. Journal of Luminescence, 2016, 171: 246-253.

[34] HUANG D C, ZHU H M, DENG Z H, et al. A highly efficient and thermally stable broadband Cr^{3+}-activated double borate phosphor for near-infrared light-emitting diodes[J]. Journal of Materials Chemistry C, 2021, 9(1): 164-172.

[35] WU H Y, JIANG L H, LI K, et al. Design of broadband near-infrared $Y_{0.57}La_{0.72}Sc_{2.71}(BO_3)_4$: Cr^{3+} phosphors based on one-site occupation and their application in NIR light-emitting diodes[J]. Journal of Materials Chemistry C, 2021, 9(35): 11761-11771.

[36] WANG J T, JIANG L H, PANG R, et al. Cr^{3+}-doped borate phosphors for broadband near-infrared LED applications[J]. Inorganic Chemistry Frontiers, 2022, 9(10): 2240-2251.

[37] FANG M H, HUANG P Y, BAO Z, et al. Penetrating biological tissue using light-emitting diodes with a highly efficient near-infrared $ScBO_3$: Cr^{3+} phosphor[J].

Chemistry of Materials, 2020, 32(5): 2166-2171.

[38] GAO T Y, ZHUANG W D, LIU R H, et al. Design and control of the luminescence in Cr^{3+}-doped NIR phosphors via crystal field engineering[J]. Journal of Alloys and Compounds, 2020, 848: 156557.

[39] LEE C, BAO Z, FANG M H, et al. Chromium(III)-doped fluoride phosphors with broadband infrared emission for light-emitting diodes[J]. Inorganic Chemistry, 2020, 59(1): 376-385.

[40] YU D C, ZHOU Y S, MA C S, et al. Non-rare-earth Na$_3$AlF$_6$: Cr^{3+} phosphors for far-red light-emitting diodes[J]. ACS Applied Electronic Materials, 2019, 1(11): 2325-2333.

[41] YU H J, CHEN J, MI R Y, et al. Broadband near-infrared emission of K$_3$ScF$_6$: Cr^{3+} phosphors for night vision imaging system sources[J]. Chemical Engineering Journal, 2021, 417: 129271.

[42] HE F Q, SONG E H, ZHOU Y Y, et al. A general ammonium salt assisted synthesis strategy for Cr^{3+}-doped hexafluorides with highly efficient near infrared emissions[J]. Advanced Functional Materials, 2021, 31(36): 2103743.

[43] HUANG D C, LIANG S S, CHEN D J, et al. An efficient garnet-structured Na$_3$Al$_2$Li$_3$F$_{12}$: Cr^{3+} phosphor with excellent photoluminescence thermal stability for near-infrared LEDs[J]. Chemical Engineering Journal, 2021, 426: 131332.

[44] SONG E H, MING H, ZHOU Y Y, et al. Cr^{3+}-Doped Sc-based fluoride enabling highly efficient near infrared luminescence: A case study of K$_2$NaScF$_6$: Cr^{3+}[J]. Laser & Photonics Reviews, 2021, 15(2): 2000410.

[45] YU H J, YANG J Y, LIU Y G, et al. Green HF-free synthetic route to the high-efficiency K$_2$NaGaF$_6$: Cr^{3+} phosphor and its NIR-LED application toward veins imaging[J]. ACS Sustainable Chemistry & Engineering, 2022, 10(24): 8022-8030.

[46] WU Z X, HAN X X, ZHOU Y Y, et al. Efficient broadband near-infrared luminescence of Cr^{3+} doped fluoride K$_2$NaInF$_6$ and its NIR-LED application toward veins imaging[J]. Chemical Engineering Journal, 2022, 427: 131740.

[47] XU X X, SHAO Q Y, YAO L Q, et al. Highly efficient and thermally stable

Cr^{3+}-activated silicate phosphors for broadband near-infrared LED applications[J]. Chemical Engineering Journal, 2020, 383: 123108.

[48] SHAO Q Y, DING H, YAO L Q, et al. Broadband near-infrared light source derived from Cr^{3+}-doped phosphors and a blue LED chip[J]. Optics Letters, 2018, 43(21): 5251-5254.

[49] FANG L M, HAO Z D, ZHANG L L, et al. Cr^{3+}-doped broadband near infrared diopside phosphor for NIR pc-LED[J]. Materials Research Bulletin, 2022, 149: 111725.

[50] YAN Y, SHANG M M, HUANG S, et al. Photoluminescence properties of AScSi$_2$O$_6$: Cr^{3+} (A = Na and Li) phosphors with high efficiency and thermal stability for near-infrared phosphor-converted light-emitting diode light sources[J]. ACS Applied Materials & Interfaces, 2022, 14(6): 8179-8190.

[51] LIU G C, MOLOKEEV M S, XIA Z G. Structural rigidity control toward Cr^{3+}-based broadband near-infrared luminescence with enhanced thermal stability[J]. Chemistry of Materials, 2022, 34(3): 1376-1384.

[52] LAI J A, ZHOU J H, LONG Z W, et al. Broadband near-infrared emitting from Li$_{1.6}$Zn$_{1.6}$Sn$_{2.8}$O$_8$: Cr^{3+} phosphor by two-site occupation and Al^{3+} cationic regulation[J]. Materials & Design, 2020, 192: 108701.

[53] WANG S, CAI J Z, PANG R, et al. Synthesis and luminescence properties of a broadband near-infrared emitting non-gallate persistent luminescence Mg$_{1.4}$Zn$_{0.6}$SnO$_4$: Cr^{3+} phosphor[J]. Dalton Transactions, 2021, 50(16): 5666-5675.

[54] LAI J A, SHEN W H, QIU J B, et al. Broadband near-infrared emission enhancement in K$_2$Ga$_2$Sn$_6$O$_{16}$: Cr^{3+} phosphor by electron-lattice coupling regulation[J]. Journal of the American Ceramic Society, 2020, 103(9): 5067-5075.

[55] LUO X Y, YANG X L, XIAO S G. Conversion of broadband UV-visible to near infrared emission by LaMgAl$_{11}$O$_{19}$: Cr^{3+}, Yb^{3+} phosphors[J]. Materials Research Bulletin, 2018, 101: 73-82.

[56] NIE Z G, LIM K S, ZHANG J H, et al. Pr^{3+1}S$_0$ → Cr^{3+} energy transfer and ESR investigation in Pr^{3+} and Cr^{3+} activated SrAl$_{12}$O$_{19}$ quantum cutting phosphor[J].

Journal of Luminescence, 2009, 129(8): 844-849.

[57] MALYSA B, MEIJERINK A, JÜSTEL T. Temperature dependent photoluminescence of Cr^{3+} doped Sr_8MgLa $(PO_4)_7$[J]. Optical Materials, 2018, 85: 341-348.

[58] ZHAO F Y, CAI H, SONG Z, et al. Structural confinement toward controlling energy transfer path for enhancing near-infrared luminescence[J]. Chemistry of Materials, 2021, 33(21): 8360-8366.

[59] LU C H, TSAI Y T, TSAI T L, et al. Cr^{3+}-sphere effect on the whitlockite-type NIR phosphor $Sr_9Sc(PO_4)_7$ with high heat dissipation for digital medical applications[J]. Inorganic Chemistry, 2022, 61(5): 2530-2537.

[60] YAO L Q, SHAO Q Y, HAN S Y, et al. Enhancing near-infrared photoluminescence intensity and spectral properties in Yb^{3+} codoped $LiScP_2O_7$: Cr^{3+}[J]. Chemistry of Materials, 2020, 32(6): 2430-2439.

[61] LIN J H, ZHOU L Y, REN L, et al. Broadband near-infrared emitting $Sr_3Sc_4O_9$: Cr^{3+} phosphors: Luminescence properties and application in light-emitting diodes[J]. Journal of Alloys and Compounds, 2022, 908: 164582.

[62] YUAN C X, LI R Y, LIU Y F, et al. Efficient and broadband $LiGaP_2O_7$: Cr^{3+} phosphors for smart near-infrared light-emitting diodes[J]. Laser & Photonics Reviews, 2021, 15(11): 2100227.

[63] ZENG L W, ZHONG J Y, LI C J, et al. Broadband near-infrared emission in the $NaInP_2O_7$: Cr^{3+} phosphor for light-emitting-diode applications[J]. Journal of Luminescence, 2022, 247: 118909.

[64] ZHANG H S, ZHONG J Y, DU F, et al. Efficient and thermally stable broad-band near-infrared emission in a $KAlP_2O_7$: Cr^{3+} phosphor for nondestructive examination[J]. ACS Applied Materials & Interfaces, 2022, 14(9): 11663-11671.

[65] HUANG D C, HE X G, ZHANG J R, et al. Efficient and thermally stable broadband near-infrared emission from near zero thermal expansion AlP_3O_9: Cr^{3+} phosphors[J]. Inorganic Chemistry Frontiers, 2022, 9(8): 1692-1700.

[66] MIAO S H, LIANG Y J, ZHANG Y, et al. Spectrally tunable and thermally stable near-infrared luminescence in $Na_3Sc_2(PO_4)_3$: Cr^{3+} phosphors by Ga^{3+} co-doping for

light-emitting diodes[J]. Journal of Materials Chemistry C, 2022, 10(3): 994-1002.

[67] MALYSA B, MEIJERINK A, WU W W, et al. On the influence of calcium substitution to the optical properties of Cr^{3+} doped $SrSc_2O_4$[J]. Journal of Luminescence, 2017, 190: 234-241.

[68] LIN J H, ZHOU L Y, REN L, et al. Broadband near-infrared emitting $Sr_3Sc_4O_9$: Cr^{3+} phosphors: Luminescence properties and application in light-emitting diodes[J]. Journal of Alloys and Compounds, 2022, 908: 164582.

[69] LIU G C, MOLOKEEV M S, LEI B F, et al. Two-site Cr^{3+} occupation in the $MgTa_2O_6$: Cr^{3+} phosphor toward broad-band near-infrared emission for vessel visualization[J]. Journal of Materials Chemistry C, 2020, 8(27): 9322-9328.

[70] ZHONG J Y, ZHUO Y, DU F, et al. Efficient broadband near-infrared emission in the $GaTaO_4$: Cr^{3+} phosphor[J]. Advanced Optical Materials, 2022, 10(2): 2101800.

[71] QIU L T, WANG P, MAO J S, et al. Cr^{3+}-doped $InTaO_4$ phosphor for multi-mode temperature sensing with high sensitivity in a physiological temperature range[J]. Inorganic Chemistry Frontiers, 2022, 9(13): 3187-3199.

[72] LOU L L, ZHAO S, YUAN S W, et al. Efficient broadband near-infrared emission induced by Nb^{5+} substitution for Ta^{5+} in $GaTa_{1-y}Nb_yO_4$: Cr^{3+} phosphor[J]. Inorganic Chemistry Frontiers, 2022, 9(14): 3522-3531.

[73] WU J P, ZHUANG W D, LIU R H, et al. Broadband near-infrared luminescence and energy transfer of Cr^{3+}, Ce^{3+} Co-doped $Ca_2LuHf_2Al_3O_{12}$ phosphors[J]. Journal of Rare Earths, 2021, 39(3): 269-276.

[74] XU T, YUAN L, CHEN Y, et al. $Y_3Al_5O_{12}$: Ce^{3+} single crystal and red-emitting $Y_3Al_5O_{12}$: Cr^{3+} single crystal for high power W-LEDs[J]. Optical Materials, 2019, 91: 30-34.

[75] ZHOU Y P, LI X J, SETO T, et al. A high efficiency trivalent chromium-doped near-infrared-emitting phosphor and its NIR spectroscopy application[J]. ACS Sustainable Chemistry & Engineering, 2021, 9(8): 3145-3156.

[76] YAN M W, SETO T, WANG Y H. Strong energy transfer induced deep-red emission

for LED plant growth phosphor (Y, Ba)$_3$(Al, Si)$_5$O$_{12}$: Ce^{3+}, Cr^{3+}[J]. Journal of Luminescence, 2021, 239: 118352.

[77] LIU C Y, XIA Z G, MOLOKEEV M S, et al. Synthesis, crystal structure, and enhanced luminescence of garnet-type Ca$_3$Ga$_2$Ge$_3$O$_{12}$: Cr^{3+} by codoping Bi^{3+}[J]. Journal of the American Ceramic Society, 2015, 98(6): 1870-1876.

[78] KAMAL C S, RAO T K, SAMUEL T, et al. Blue to magenta tunable luminescence from LaGaO$_3$: Bi^{3+}, Cr^{3+} doped phosphors for field emission display applications[J]. RSC advances, 2017, 7(71): 44915-44922.

[79] ZHANG Y, HUANG R, LIN Z X, et al. Co-dopant influence on near-infrared luminescence properties of Zn$_2$SnO$_4$: Cr^{3+}, Eu^{3+} ceramic discs[J]. Journal of Alloys and Compounds, 2016, 686: 407-412.

[80] ZOU X K, ZHANG H R, LI W, et al. Ultra-wide Vis-NIR Mg$_2$Al$_4$Si$_5$O$_{18}$: Eu^{2+}, Cr^{3+} phosphor containing unusual NIR luminescence induced by Cr^{3+} occupying tetrahedral coordination for hyperspectral imaging[J]. Advanced Optical Materials, 2022, 10(19): 2200882.

[81] SKRUODIENE M, MISEVICIUS M, SAKALAUSKAITE M, et al. Doping effect of Tb^{3+} ions on luminescence properties of Y$_3$Al$_5$O$_{12}$: Cr^{3+} phosphor[J]. Journal of Luminescence, 2016, 179: 355-360.

[82] BAI B, DANG P P, ZHU Z L, et al. Broadband near-infrared emission of La$_3$Ga$_5$GeO$_{14}$: Tb^{3+}, Cr^{3+} phosphors: energy transfer, persistent luminescence and application in NIR light-emitting diodes[J]. Journal of Materials Chemistry C, 2020, 8(34): 11760-11770.

[83] CAI Y Y, LIU B T, CHEN W B, et al. X-ray and UV excited long persistent luminescence properties of Zn$_3$Ga$_2$GeO$_8$: Cr^{3+}, Pr^{3+}[J]. ECS Journal of Solid State Science and Technology, 2020, 9(6): 066006.

[84] GAO T Y, ZHUANG W D, LIU R H, et al. Site occupancy and enhanced luminescence of broadband NIR gallogermanate phosphors by energy transfer[J]. Journal of the American Ceramic Society, 2020, 103(1): 202-213.

[85] OU J H, YANG X L, XIAO S G. Luminescence performance of Cr^{3+} doped and Cr^{3+},

Mn^{4+} Co-doped[J]. Materials Research Bulletin, 2020, 124: 110764.

[86] WEI G H, WANG Z J, LI R, et al. Enhancement of near-infrared phosphor luminescence properties via construction of stable and compact energy transfer paths[J]. Advanced Optical Materials, 2022, 10(18): 2201076.

[87] ZHANG Y, HUANG R, LIN Z X, et al. Positive effect of codoping Yb^{3+} on the super-long persistent luminescence of Cr^{3+}-doped zinc aluminum germanate[J]. Ceramics International, 2018, 44(14): 17377-17382.

[88] WANG X, LI W H, TIAN K, et al. Enhanced near-infrared emission in Yb^{3+}-Cr^{3+} codoped KZnF$_3$ glass ceramics excited by a solar simulator[J]. Ceramics International, 2019, 45(6): 6738-6743.

[89] ZHANG L, DONG L P, SHAO B Q, et al. Novel NIR LaGaO$_3$: Cr^{3+}, Ln^{3+}(Ln = Yb, Nd, Er) phosphors via energy transfer for C-Si-based solar cells[J]. Dalton Transactions, 2019, 48(30): 11460-11468.

[90] XU D D, ZHANG Q, WU X M, et al. Synthesis, luminescence properties and energy transfer of Ca$_2$MgWO$_6$: Cr^{3+}, Yb^{3+} phosphors[J]. Materials Research Bulletin, 2019, 110: 135-140.

[91] HE S, ZHANG L L, WU H, et al. Efficient super broadband NIR Ca$_2$LuZr$_2$Al$_3$O$_{12}$: Cr^{3+}, Yb^{3+} garnet phosphor for pc-LED light source toward NIR spectroscopy applications[J]. Advanced Optical Materials, 2020, 8(6): 1901684.

[92] DUMESSO M U, XIAO W G, ZHENG G J, et al. Efficient, stable, and ultra-broadband near-infrared garnet phosphors for miniaturized optical applications[J]. Advanced Optical Materials, 2022, 10(16): 2200676.

[93] LIU G C, HU T, MOLOKEEV M S, et al. Li/Na substitution and Yb^{3+} co-doping enabling tunable near-infrared emission in LiIn$_2$SbO$_6$: Cr^{3+} phosphors for light-emitting diodes[J]. Science, 2021, 24(4): 102250.

[94] BASORE E T, WU H J, XIAO W G, et al. High-power broadband NIR LEDs enabled by highly efficient blue-to-NIR conversion[J]. Advanced Optical Materials, 2021, 9(7): 2001660.

[95] ZHANG Y, MIAO S H, LIANG Y J, et al. Blue LED-pumped intense short-wave infrared luminescence based on Cr^{3+}-Yb^{3+}-co-doped phosphors[J]. Light: Science & Applications, 2022, 11(1): 136.

[96] XIANG J M, ZHENG J M, ZHAO X Q, et al. Synthesis of broadband NIR garnet phosphor $Ca_4ZrGe_3O_{12}$: Cr^{3+}, Yb^{3+} for NIR pc-LED applications[J]. Materials Chemistry Frontiers, 2022, 6(4): 440-449.

[97] JIANG L P, JIANG X, XIE J H, et al. Ultra-broadband near-infrared $Gd_3MgScGa_2SiO_{12}$: Cr, Yb phosphors: Photoluminescence properties and LED applications[J]. Journal of Alloys and Compounds, 2022, 920: 165912.

[98] LIN H H, YU T, BAI G X, et al. Enhanced energy transfer in Nd^{3+}/Cr^{3+} co-doped $Ca_3Ga_2Ge_3O_{12}$ phosphors with near-infrared and long-lasting luminescence properties[J]. Journal of Materials Chemistry C, 2016, 4(16): 3396-3402.

[99] HOU D J, ZHANG Y, LI J Y, et al. Discovery of near-infrared persistent phosphorescence and Stokes luminescence in Cr^{3+} and Nd^{3+} doped $GdY_2Al_3Ga_2O_{12}$ dual mode phosphors[J]. Journal of Luminescence, 2020, 221: 117053.

[100] KONG L, LIU Y Y, DONG L P, et al. Near-infrared emission of $CaAl_6Ga_6O_{19}$: Cr^{3+}, Ln^{3+} (Ln = Yb, Nd, and Er) via energy transfer for C-Si solar cells[J]. Dalton Transactions, 2020, 49(25): 8791-8798.

[101] YAO L Q, SHAO Q Y, HAN S Y, et al. Enhancing near-infrared photoluminescence intensity and spectral properties in Yb^{3+} codoped $LiScP_2O_7$: Cr^{3+}[J]. Chemistry of Materials, 2020, 32(6): 2430-2439.

[102] LIU P J, LIU J, ZHENG X, et al. An efficient light converter YAB: Cr^{3+}, Yb^{3+}/Nd^{3+} with broadband excitation and strong NIR emission for harvesting C-Si-based solar cells[J]. Journal of Materials Chemistry C, 2014, 2(29): 5769-5777.

[103] WANG C P, ZHANG Y X, HAN X, et al. Energy transfer enhanced broadband near-infrared phosphors: Cr^{3+}/Ni^{2+} activated $ZnGa_2O_4$ – Zn_2SnO_4 solid solutions for the second NIR window imaging[J]. Journal of Materials Chemistry C, 2021,

9(13): 4583-4590.

[104] MIAO S H, LIANG Y J, ZHANG Y, et al. Blue LED-pumped broadband short-wave infrared emitter based on LiMgPO$_4$: Cr^{3+}, Ni^{2+} phosphor[J]. Advanced Materials Technologies, 2022, 7(11): 2200320.

附录 2　部分彩图

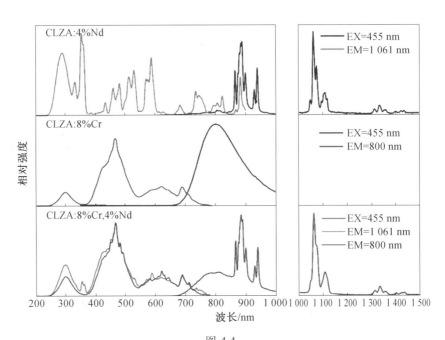

图 4.4

图 4.5

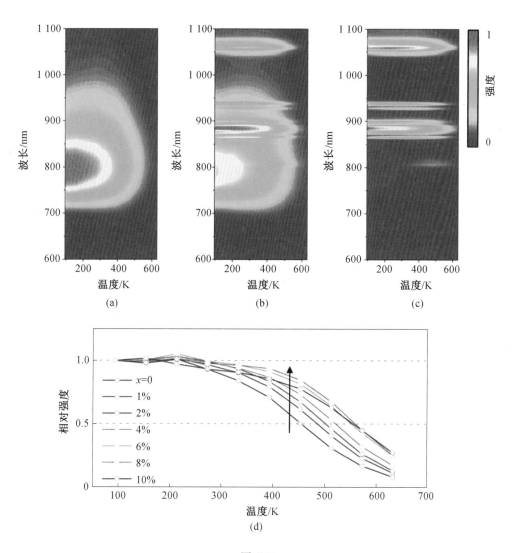

图 4.11

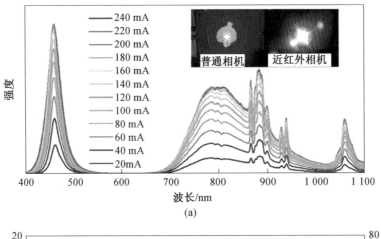

(a)

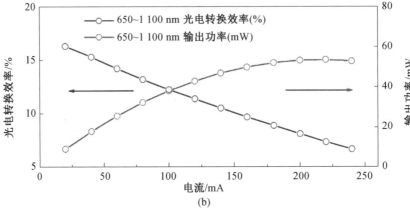

(b)

图 4.13

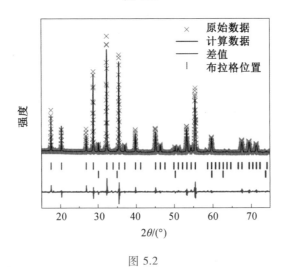

图 5.2

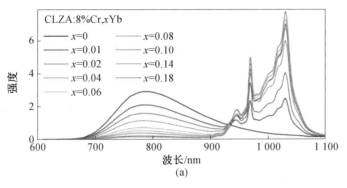

(a)

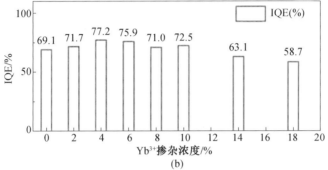

(b)

图 5.5

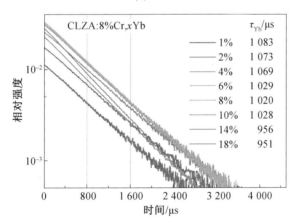

图 5.7

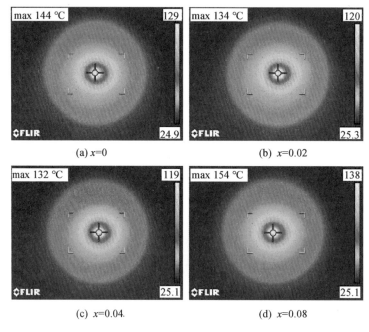

(a) $x=0$　　　　　　　　　　　　(b) $x=0.02$

(c) $x=0.04$　　　　　　　　　　　(d) $x=0.08$

图 5.8

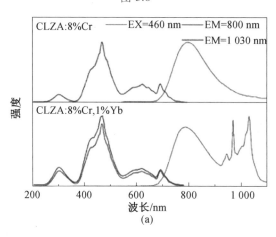

图 5.10

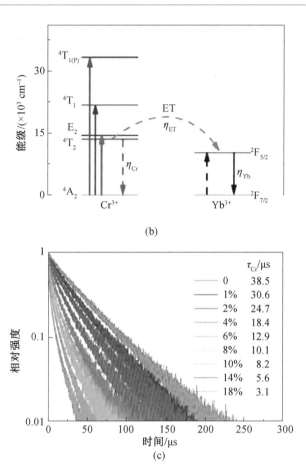

(b)

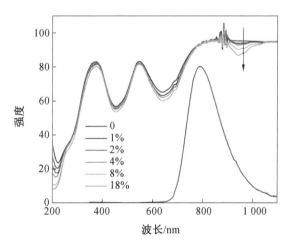

(c)

续图 5.10

图 5.11

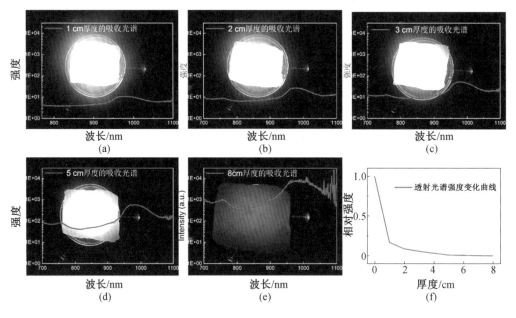

图 5.13

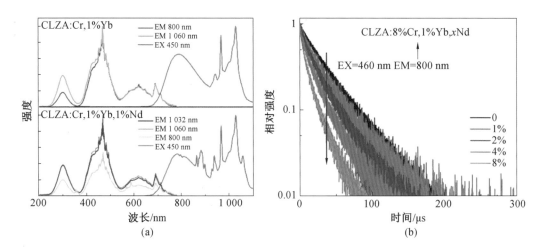

图 6.5

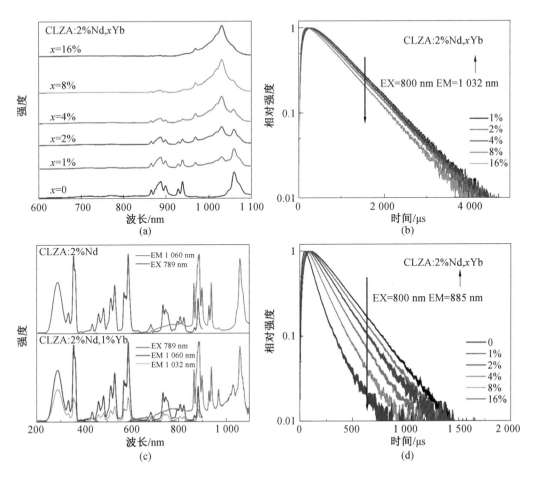

图 6.7

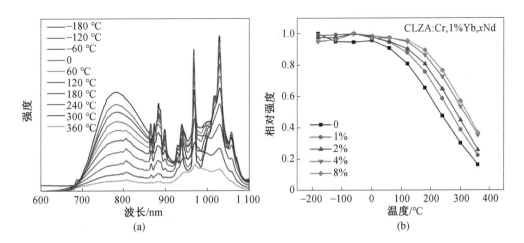

图 6.8

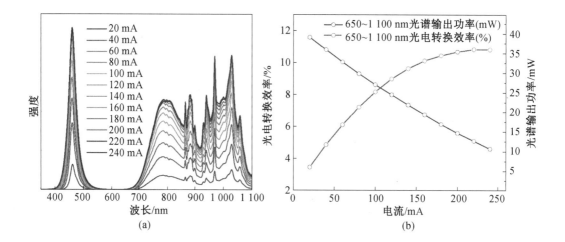

图 6.9

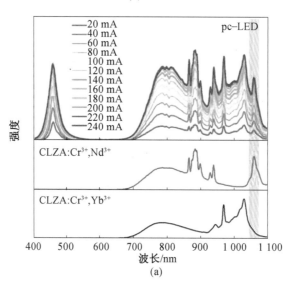

图 6.10

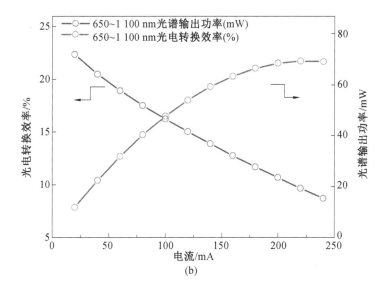

(b)

续图 6.10

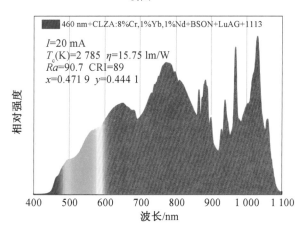

图 6.11